위기를 넘어서

환경교육과 지속가능발전교육

손연아·이유미·배경석·박병열·박지수
최재혁· 강순기·오현정·문예진·김서현
지음

박영story

머리말

현대 사회는 전례 없는 변화와 도전의 시대를 맞이하고 있다. 기후 변화, 생물 다양성의 감소, 경제적 불평등의 심화, 그리고 사회적 양극화는 우리 세대와 미래 세대 모두에게 심각한 위협이 되고 있으며, 긴급하게 해결해야 할 중대한 문제들이다. 이러한 복합적인 문제들은 단순한 해결책을 넘어서 근본적인 변화를 요구한다. 그러므로 문제 해결을 위해서는 교육을 통해 사회 전반의 인식 변화와 행동 변화를 이끌어 내야 하며, 이러한 시대적 요구에 응답하기 위해, 지속 가능한 발전을 위한 교육 전략과 그 실현 방안을 모색해야 한다. 이 책은 이러한 변화의 촉매제가 되기 위한 바람에서 쓰게 되었다. 지속가능발전교육은 우리 사회가 직면한 복잡하고 다양한 문제들을 해결하는 데 있어 중요한 열쇠가 될 수 있다고 믿으며, 지속 가능한 미래를 향한 우리의 여정에 대한 비전을 제시하고자 한다. 이 책은 환경 문제의 전 지구적 영향력과 복잡성을 다루면서도 지역사회 차원의 구체적이고 실천적인 교육 방안을 탐색하고 사례를 제공함으로써, 교육이 지속 가능한 미래를 위해 어떻게 변화와 혁신을 이끌 수 있는지를 보여 주고 있다.

1장은 지속 불가능한 시대의 사회와 교육 환경의 변화를 다루며 현대 사회가 직면해 있는 복잡한 도전들을 분석하고 이러한 문제들에 대응하기 위해 교육과 사회가 어떻게 노력해야 하는지에 대해 생각해 본다. 울리히 벡의 '위험 사회'라는 개념을 출발점으로 삼아, 현대 사회가 직면해 있는 다양한 위험들을 분석한다. 여기서 '위험 사회'는 현대화 과정에서 발생하는 다양한 위험이 단순한 개별 사건이 아닌, 사회 전체에 영향을 미치는 구조적 문제로 인식되어야 함을 강조한다. 이러한 인식은 지금 우리가 직면한 기후 변화, 환경 파괴, 경제적 불평등 등의 문제들이 어떻게 서로 연결되어 있는지 이해하는 데 도움을 준다. 위험 사회의 특성과 지속 불가능한 발전의 문제점을 세심하게 다루면서, 이러한 문제들이 지금까지 우리가 경험한 것과는 달리 새로운 도전을 주고 있음을 밝힌다.

2장은 지속가능사회를 위한 교육적 접근에 초점을 맞추어 현실 세계의 복잡한 문제를 해결하기 위해 다양한 학문 분야가 서로 연결되고 융합되어 새로운 해결책이 도출되는 학제 간 접근의 중요성을 다룬다. 그리고 환경교육과 지속가능발전교육의 이론적 기초와 그 바탕이 되는 복잡성 이론과 지역 문화, 토착 지식에 대해 살펴본다. 여기에서 다루는 교육은 단순히 지식을 전달하는 수단이 아니라, 학습자들이 세계를 이해하고 비판적으로 사고할 수 있는 능력을 기르게 하며, 지속 가능한 미래를 위한 책임 있는 행동을 할 수 있도록 돕는 과정이어야 한다. 따라서 현대 사회의 위험과 도전에 대응하기 위한 교육의 목적과 내용, 그리고 방법론에 있어 근본적인 전환이 필요하다. 교육은 우리 사회가 직면한 복잡하고 다양한 문제들을 통합적으로 이해하고 해결할 수 있는 능력을 함양하는 데 중점을 두어야 한다.

3장은 지역 사회와 연계를 통한 네트워크 모델을 개발하고 이를 활용하는 방안을 설명한다. 대학과 지역 사회 간의 연계를 강화하여 우리 사회가 직면한 복잡한 문제들을 해결하기 위한 네트워크 관점에 중점을 둔다. 이러한 접근 방식은 지역 사회의 자원을 활용하여 교육, 사회, 환경 문제에 대응하는 동시에 지역 사회 발전에 기여할 수 있는 교육 프로그램 개발과 적용을 촉진할 수 있다.

4장은 환경·지속가능발전교육이 무엇인지 고찰한다. 지속가능발전교육의 의미, 중요성, 특징, 역사를 전체적으로 조망한 후, 지속가능발전교육을 바라보는 다양한 관점에 대해 살펴본다. 이후, 환경교육과 지속가능발전교육의 관계에 관해 살펴보고 두 분야를 융합하여 통합적으로 접근한다.

5장은 환경·지속가능발전교육을 위한 전략을 다룬다. 다양한 분야에서 발생하는 복잡한 문제들을 환경·사회·경제의 통합적 사고를 통해 해결할 수 있도록 적용 가능한 교육 방식을 소개한다. 이러한 교육 전략은 학생들이 문제를 다각도에서 바라보고, 창의적인 사고와 실천을 통해 해결책을 모색할 수 있게 하여, 지속 가능한 미래를 위해 필요한 지식, 가치, 태도를 개발할 수 있도록 한다.

6장에서는 지역 사회와 연계한 환경·지속가능발전교육 사례들을 소개한다. 환경, 문화, 경제 상황 등의 지역적 특성을 고려하여 지역 내의 자원을 교육에 활용하는 지역 사회 연계 교육의 중요성을 강조한다. 구체적인 사례들을 통해, 지역 사회 연계 교육이 어떻게 실행될 수 있는지, 그리고 이를 통해 어떤 실질적인 변화와 성장이 가능한지를 보여준다. 이는 학생들에게 실제 세계의 문제를 해결하는 데 필요한 지식과 역량을 갖추게 하고 지역 사회의 지속 가능한 발전에 기여할 수 있는 바탕을 마련해 줄 수 있다.

이 책은 환경 위기에 대한 깊은 이해와 함께 실제적인 행동 방안을 제시하고자 한다. 환경·지속가능발전교육을 통해, 지금 이 순간에도 계속되고 있는 환경 변화에 대해 우리 모두가 책임감을 가지고 실천적이고 혁신적인 변화를 이끌어 낼 수 있는 힘을 갖기를 희망한다. 환경 위기를 극복하고 지속 가능한 미래를 향해 나아가기 위한 여정에서 이 책이 소중한 길잡이가 되기를 바란다.

저자 일동

차 례

Chapter 04
환경 · 지속가능발전교육의 이해

Chapter 05
환경 · 지속가능발전교육을 위한 전략

Chapter 06
환경 · 지속가능발전교육 사례

Chapter

01

지속 불가능한 시대의 사회와 교육 환경의 변화

01

위험 사회와 지속 불가능한 시대

나는 불안하다: 위험 사회

Beck(1986)이 제시한 '위험 사회'라는 개념은 우리가 사는 세계를 새롭게 이해하는 데 중요한 통찰을 제공하였다. 그는 현대 사회가 단순히 위험을 경험하는 것이 아니라, 체계적으로 위험을 생산하고 있다고 설명하였다. 여기에서 말하는 위험은 우리가 담대하게 맞설 수 있는 소소한 문제들이 아니라 기후 변화나 원자력 발전소의 폭발과 같이 우리의 통제를 벗어나는 근본적인 도전을 의미한다. 다시 말하면, 현대 사회가 생산하는 위험이라는 것은 '무릅쓸 수 있는 문제'가 아니라 '무릅쓸 수 없는 문제'인 것이다. 그는 이러한 사회를 '위험 사회(Risky Society)'라고 이름 붙였다.

Beck에 따르면 이러한 위험은 근대화 과정에서 발생하는 정치적, 경제적, 사회적, 기술적 변화로부터 비롯된다. 이 변화들은 전 세계적으로 영향을 미치며, 그 결과로 생성되는 위험들 역시 지역적 한계를 넘어선 보편적 특성을 보인다. 따라서, '위험 사회'는 바로 이러한 맥락에서 이해된다. 우리가 직면한 위험들은 더 이상 개별 국가나 지역의 문제가 아닌, 전 지구적 차원에서 해결해야 할 과제들로 변화하고 있다.

지금 우리는 정보와 자본이 그 어느 때보다 빠르게 전 세계를 넘나들며 자유롭게 이동하는 시대에 살고 있다. 무역과 미디어를 통해 국가 간 상호 의존성이 높아지면서 환경 위기, 전염병, 사이버 공격과 같은 다양한 위험 요소들이 국경을 초월해 전 지구적인 도전 과제로 부상하였다. 이러한 상황 속에서 현대 사회는 문화적으로나 가치적으로 생활 양식의 유사성이 증가하고 있으며, 이는 국가 간에 공유되는 공통된 가치와 문화적 특성을 더욱 돋보이게 한다. 소셜 미디어 플랫폼, 인터넷 커뮤니티, 온라인 게임 등은 다양한 문화를 가진 사람들 간의 소통을 쉽게 하며, 이를 통해 글로벌 커뮤니티에서 다양성과 연결성이 강조되고 있다.

현대 사회가 있기까지에는 과학과 기술의 비약적인 발전이 큰 역할을 하였다. 과학 기술의 급속한 발전은 우리에게 새로운 기회를 제공하였으나 동시에 여러 문제를 일으키기도 하였다. 기술의 진화는 일자리의 불안정, 개인 정보 보안 문제, 사생활 침해의 우려를 불러일으키고 있으며, 이는 개인 정보가 무분별하게 수집되고 공유됨으로써 더욱 심화된다. 기술 발전이 개인의 일상과 가치관에 미치는 영향에 대한 우려도 커지고 있으며, 인공 지능의 발달은 편리함을 제공하면서도 윤리적 문제, 인공 지능과 인간 활동의 경계, 인공 지능 모델의 불투명성 등 새로운 도전 과제를 제시한다. 또한, 디지털 수단의 확대는 대면 소통과 사회적 연결성을 감소시켜 사회적 고립과 고독감을 증가시키기도 한다.

현대인은 불확실한 미래에 대해 불안해하고 있으며, 경제적 안정을 추구하는 데 있어 어려움을 겪고 있다. 환경 문제에 대한 위험이 커지면서 지속 가능한 삶에 대한 우려가 커지고 있으며, 이는 우리 세대뿐만 아니라 후손들에게도 더 힘든 세상을 남길 수 있다는 걱정을 낳는다.

위험 사회는 위험이 개인의 문제가 아닌 사회 전체의 문제로 인식되는 특징을 가지며, 그 원인과 결과의 복잡성과 불확실성으로 인해 예측하기 어렵다. 환경 위기, 원자력 발전소 사고, 유전자 조작 식품의 안전성 문제, 인공 지능의 윤리적 문제 등은 기술 발전으로 인해 발생하는 위기의 예시이며, 이는 사회적 갈등의 증가와 함께 위험 사회를 더욱 복잡하게 만든다.

Beck(1986)은 현대의 위험은 더 이상 무릅쓸 수 있는 것이 아니기 때문에 경제적 부를 희생할지라도 위험을 사전에 철저히 봉쇄하는 것만이 위험 사회에서 인류가 할 수 있는 유일한 해결 방법이라고 말한다. 그는 기존의 산업사회에서의 위험과는 다르게, 고도로 기술화되고 글로벌화된 현대 사회에서 발생하는 위험 유형을 다음과 같이 강조하였다.

첫째, 고도로 발전한 기술이 새로운 위험을 초래할 수 있다는 기술적 위험이다. 핵에너지, 생물 공학, 인공 지능 등의 기술이 새로운 안전과 윤리적 문제를 가져올 수 있으며, 이미 원자력 발전소 문제, 코로나 바이러스와 같은 감염병의 확산 위험, 유전자 조작 기술에 대한 윤리적 고민이 커지고 있다. 근대 사회의 위험이 계급에 따른 부의 재분배, 부족한 공급과 불평등에서 왔다면 현대 사회의 위험은 생산 과잉에서 비롯되며 그 영향은 모두에게 미친다. 위험은 체르노빌, 후쿠시마 원전 사고, 기후 위기처럼 전 세계로 퍼진다. 현재 과학 기술은 과거와 같은 믿음을 주지 못하며 위험을 발생시키는 원인으로 여겨지기도 한다. 빠르게 진화하는 기술과 디지털 혁명은 기존의 사회 구조를 크게 변화시키고 있다. 인공 지능, 자동화, 빅데이터 등의 기술은 미래의 일자리, 교육, 경제 체제 등을 예측하기 어렵게 만든다.

둘째, 환경 위험이다. 온실가스 배출로 인한 기후 변화가 가속화되면서 폭염, 홍수, 산불에 의한 피해가 커지고 있고 위험성을 피부로 느낄 수 있는 정도가 되었다. 산업 활동, 교통, 에너지 생산 등으로 인해 대기 중 미세먼지와 공해물질이 증가하면서 각종 질병이 생겨나고 있으며 이는 국지적 위험이 아니라 매우 넓은 지역에 걸쳐 일어나는 것이다. 기후 변화는 예측하기 어렵고 복잡한 문제 중 하나이다. 극단적인 날씨 조건, 해수면 상승, 자연재해의 빈도와 강도 변화 등은 기후 변화로 인한 불확실성을 증가시키며 다양한 부문에서 예상치 못한 위험과 대응을 필요하게 한다. 이러한 위험들은 일부 지역의 문제가 아니라 지구적인 문제이다.

셋째, 사회적 위험이다. 한국 사회는 정치적으로 양극화되어 있고, 경제적으로 빈부의 차가 심하다. 지역 갈등이 줄지 않고, 외국인 증가로 인한 문화적 갈등이 나타나고 있다. 남녀 간의 갈등이 범죄를 일으키기도 하고 앞으로는 세대 간의 갈등이 심각해질 것으로 예상되기도 한다. 개인 정보 유출, 사이버 범죄 등의 디지털 안전 문제도 심각해지고 있다. 국가를 넘어서 국제적 긴장과 전쟁 위험 역시 에너지와 식량, 산업 등 일상생활에 직접 영향을 준다. 이러한 사회적 갈등이 시민운동의 원인이 되어 긍정적인 변화를 촉진하기도 하고 사회적 불안과 갈등을 증폭시키기도 한다. 또 현대의 급격한 사회 변화가 개인, 가족, 지역사회에 부정적인 영향을 미칠 수 있다. 디지털 기술과 인공 지능의 발전으로 특징지어지는 4차 산업혁명은 일자리, 교육, 경제 구조 등 다양한 측면에서 급격한 변화를 일으키고 있으며(Brynjolfsson & McAfee, 2014), 특히 기후 변화와 생태계 문제는 파국의 가능성을 보여 주기까지 한다(김홍중, 2019). 이러한 예는 숲 파괴, 인구 증가, 미세 플라스틱 체내 축적, 생물 종의 멸종, 탄소의 순환과정에 발생한 재앙적 변화(Ellis, 2018) 등이 있다. 인간 활동이 지질학적 변화의 원인으로 작용하는 시대, 즉 인류세(Crutzen & Stoermer, 2000)를 살고 있는 우리는 이러한 변화의 시대를 헤쳐나갈 방법을 찾아야 한다.

넷째, 알아채기 어려운 비가시적 위험성 또한 증가하고 있다. 복잡한 기술이나 화학 물질, 긴 시간 동안 노출되는 환경적 위험 등이 이에 속한다. 일본에서 발생하였던 석면 노출 사건, 한국의 가습기 첨가제 사건, 신용 평가 기관 직원에 의한 개인 정보 유출 사건 등이 이에 해당한다고 볼 수 있다. 이러한 예시는 장기간의 위험을 감지하지 못하였고 피해가 나타나는 데도 시간이 오래 걸렸으며 사건이 알려진 이후 대규모의 사회적 파장이 일어났다는 공통점이 있다.

이 외에도 여러 유형의 위험이 있으며, 이러한 위험들은 기존의 위험과 달리 예측하기도 어렵고 적응하기도 어렵다.

지속 불가능한 사회

위험 사회라는 개념을 통해 Beck은 현대 사회가 직면하고 있는 다양한 도전과 위험을 분석하였다. 현대의 위험들은 인류가 오랫동안 유지해 온 삶의 질을 저해함으로써 지속 가능하지 않은 사회로의 전환을 가속화하고 있다. 지속 가능하지 않은 사회, 즉 지속 불가능한 사회는 현재의 자원 소비와 활동 수준이 미래 세대에게 부담을 지우는 상황을 말하며, 이는 자연환경, 사회 체계, 경제 등 다양한 영역에 걸쳐 나타난다.

환경적 측면에서, 과도한 화석 연료 사용은 지구 온난화를 가속하며, 이는 지구 전체의 평균 기온 상승으로 이어져 우리 삶의 질을 훼손하고 있다. 산림과 열대우림이 경작지로 변하고 나무가 베어지는 현상은 생물 다양성의 감소와 토양의 퇴화 및 침식을 촉진하며, 이는 결국 생태계의 지속 불가능성을 높인다. 또한, 현재의 물 소비 패턴은 생태계에 안정적인 물 공급의 위협이 되고 있다.

사회적 측면에서는 불평등과 사회적 배제, 노동 조건의 열악함, 그리고 인권 침해와 같은 문제들이 점점 더 심각해지고 있다. 이러한 현상들은 사회 안전망이 악화하고 있다는 신호이며, 이는 곧 시민들 사이의 불평등이 증가하고 있다는 것을 의미한다.

경제적 측면에서도 무분별한 소비와 경제 활동이 지속된다면 자원 고갈, 금융 불안정성, 불균형한 성장 등 다양한 문제가 발생할 수 있다. 문화적 차원에서는 세계화의 영향으로 각국의 일상생활 모습이 유사해지고, 대중문화의 획일화로 인해 문화적 다양성이 감소하고 있다.

국제적 차원에서는 국가 간의 불평등, 전쟁 등이 지속 불가능성을 더욱 높이고 있다. 경제적으로 부유한 국가들은 더 많은 자원과 기회를 확보할 수 있으며, 이는 빈곤한 국가들의 개발을 더욱 어렵게 만들고 불평등을 심화시킨다. 자원의 불균형 분배는 국가 간의 힘과 영향력의 불균형을 초래한다.

이렇게 다양한 측면에서 나타나는 지속 불가능성과 관련된 문제는 위험 사회가 직면한 핵심 문제로, 현재와 미래 세대의 삶의 질을 유지하기 위해서는 이러한 문제들에 대한 근본적인 해결책을 모색해야 한다. 위험 사회에 대한 분석은 우리에게 현재의 행동과 선택이 미래에 어떠한 영향을 미칠지를 깊게 고민하게 만든다.

지속 가능한 사회로 가기 위한 길

우리는 현재 살고 있는 위험 사회와 그로 인해 다가올 지속 불가능한 미래에 대해 깊이 있게 고민해 볼 필요가 있다. 이러한 시대적 고찰은 사회, 환경, 경제 등 다양한 영역에서 마주치는 문제들을 통합적으로 이해하고, 그 해결책을 찾아가는 데에 큰 의미를 지닌다. 위험 사회와 지속 불가능성에 대해 성찰함으로써, 우리는 현대 사회가 맞닥뜨린 복잡한 문제들을 보다 명확하게 인식할 수 있으며, 이는 곧 사회 구성원들이 각종 위험과 지속 가능성에 대해 더욱 깊이 이해하고 인식하는 데 도움을 준다.

한편, 지속 불가능한 사회에서 안전하고 지속 가능한 사회로 변화하기 위해서는 정부와 국제기구의 역할이 중요하다. 유럽 연합(European Union: EU)의 탄소 배출권 거래 제도는 이러한 노력의 좋은 예이다. 2005년에 시작된 이 제도는 세계에서 처음으로 탄소 배출량을 거래하는 시스템을 도입하였다. EU 내에서 대기 오염 배출 기준을 충족하는 기업에 탄소 배출권을 할당하고, 이를 초과하게 되면 벌금을 부과하는 한편, 배출권이 남아 있다면 판매할 수 있도록 하였다. 이 제도는 2005년 대비 2020년에 EU 전체의 탄소 배출량을 43% 감소시키는 눈에 띄는 성과를 달성하였다. 이를 통해 친환경 기술의 개발과 투자를 촉진하는 중요한 계기가 되었다. 이 제도가 비록 국제 협력의 부족으로 효과가 제한적이고, 배출권 가격의 변동성으로 인해 기업 투자에 불확실성이 발생하는 문제가 있긴 하지만, 탄소 배출량 감축 목표 달성에 기여한 점은 주목할 만하다.

그리고 우리 사회가 마주친 위험과 지속 불가능성을 극복하기 위해, 신기술의 도입과 혁신도 필요하다. 과학 기술 발전은 현대 사회의 위험과 지속 불가능한 상태를 만드는 데 큰 역할을 하였다고 비판받기도 하지만, 이러한 문제들을 해결할 수 있는 가장 유력한 수단이기도 하다. 따라서 환경에 미치는 부정적 영향을 최소화하는 방법을 찾기 위해 첨단 기술 혁신을 모색하는 것은 매우 중요하다.

친환경 기술의 상용화와 신재생 에너지의 활용은 이러한 혁신의 좋은 예이다. 덴마크는 지속 가능한 에너지로의 전환을 목표로 풍력에너지 산업을 크게 발전시켰다. 1990년 대비 2020년에 풍력 발전량을 무려 2,576%나 증가시킨 덴마크는 이를 통해 탄소 배출을 줄이고 에너지 공급을 안정화하는 데 성공하였다(DEA, 2020). 이와 같은 기술 전환은 환경에 대한 부담을 줄이면서도 에너지 수요를 충족시킬 수 있는 효과적인 방법이다.

온실가스 감소를 위한 에너지 기술, 재생할 수 있는 재료를 사용하여 건물의 에너지 소비를 최적화하는 환경친화적 기술, 자원을 회수하고 재활용하여 폐기물 양을 줄이는 폐기물 관리 기술 등도 중요한 친환경 기술로 꼽힌다. 이러한 기술들은 환경 보호와 지속 가능한 발전을 위한 핵심 요소이며, 우리가 지속 가능한 미래를 향해 나아가는 데 있어 중요한 역할을 한다.

또 하나의 강조점으로 지속 가능한 비즈니스 모델을 채택하는 것이다. 환경에 대한 책임을 다하는 기업들이 소비자의 신뢰를 얻고 경제적 성공을 이루고 있다는 것에 주목해야 한다. 이러한 모델을 채택하는 기업들은 환경 보호와 지속 가능한 제조 과정을 통해 눈에 띄는 성과를 보인다.

예를 들면, 의류 회사인 파타고니아(Patagonia)는 활동복과 장비 브랜드로, 환경 보호와 지속 가능한 제조 과정을 갖추고 있는 것으로 잘 알려져 있다. 이 회사는 'Don't Buy This Jacket'과 같은 강렬한 광고 캠페인을 통해, 소비자들이 제품 구매를 자제하고 소비의 효율성에 대해 생각해 보도록 독려하고 있다. 이 회사는 지속 가능한 소재를 사용해 제품을 제조하고, 고객에게 제품의 재활용 및 수명 종료 후 반납 프로그램을 제공한다. 또한, 제품의 원재료 공급망을 투명하게 공개하고, 제조 과정에서 사회 및 환경 영향을 최소화하기 위한 노력을 지속해서 보여준다. 그리고 환경 단체와 협력하여 환경 보호 및 지속 가능성 증진을 위한 활동에 적극 참여하고 있다(Chouinard & Stanley, 2016; Rattalino, 2018).

이러한 노력은 파타고니아가 단순히 제품을 판매하는 회사를 넘어, 환경 보호에 앞장서고 지속 가능한 미래를 위해 실천하는 브랜드로 인식되는 계기가 되었다. 이는 소비자들에게 신뢰를 얻는 동시에, 경제적으로도 성공하는 모델을 제시한다. 지속 가능성을 핵심 가치로 삼는 비즈니스 모델은 미래 지향적이며, 환경과 사회에 긍정적인 영향을 미치는 방향으로 나아가고 있다.

위험 사회가 드러내는 지속 불가능성은 우리에게 세계와 사회 구성원들 간의 상호 작용과 협력의 중요성을 강조한다. 위험 사회가 마주하게 되는 다양한 위기들은 그것이 지니는 세계적 보편성 때문에 국가 간 협력과 국제기구들의 노력을 더욱 중요하게 만든다. 이러한 국제 협력은 지구의 지속 가능성을 높이기 위한 공동 목표 달성에 큰 도움이 될 수 있다.

2015년 프랑스 파리에서 열린 국제연합(United Nations: UN) 기후변화 협상에서 채택된 파리 기후협약은 이러한 국제적 노력의 틀을 마련하였다. 이 협약은 국가 간에 협의된 국제 표준을 제시하였으며, 이를 통해 모든 회원국이 지구의 평균 온도 상승을 2℃ 미만으로 유지하고, 가능하면 1.5℃ 이내로 제한하기 위해 노력하도록 각자의 감축 목표를 설정하게 하였다.

이러한 목표를 달성하기 위해서는 정부, 기업, 일반 시민을 포함한 사회의 모든 구성원의 상호 작용과 협력이 필수적이다. 사회 구성원 모두가 중요한 역할을 하며, 생활 양식을 지속 가능한 방향으로 전환하는 것이 필요하다. 정부와 기업은 이러한 생활 양식 변화를 촉진할 수 있는 환경을 조성하는 데 앞장서야 한다. 이 모든 것은 사회 구성원 간의 적극적인 상호 협력이 있을 때만 가능하다.

그런데 우리 사회의 정책과 행동에 변화를 가져오려면, 먼저 사람들의 가치관이 변해야 한다. 특히 환경에 대한 우리의 인식 변화가 필수이며, 이러한 인식 변화는 우리가 환경에 대해 더 큰 책임감을 느끼게 할 수 있다.

최근에는 환경을 보는 관점이 점점 더 생태주의로 바뀌고 있는데, 이는 미래 세대가 지속 가능한 가치를 중요하게 여기고 환경친화적인 삶을 살아가는 데 도움을 준다. 우리는 인간 중심의 관점에서 벗어나 인간과 자연이 서로 동등한 관계임을 인정하는 생태주의와 같은 방식으로 생각을 전환해야 한다. 이러한 전환은 처음에는 어렵고 불편할 수 있지만, 한편으로는 환경을 생각하는 생활 방식이 개인적인 행복을 줄 수 있다고 생각하는 사람들이 늘고 있다.

또한, 인간과 자연이 서로 의존하고 있다는 것을 인식하고, 이를 바탕으로 환경과 생태계의 균형을 유지할 수 있도록 전체를 바라보며 생각하는 방법을 배워야 한다. 우리는 단편적으로 사물을 바라보는 것이 아니라, 모든 것이 서로 연결되어 있다는 관계적인 관점을 가져야 한다. 예를 들어, 기후 변화 문제는 환경뿐만 아니라 경제·사회·정치 등 다양한 분야와 관련이 있으며, 이렇게 복잡한 문제를 해결하기 위해서는 관계론적인 사고가 필수이다. 환경 문제 해결은 개인의 노력만으로는 부족하며, 공동체 전체의 협력이 필요하다.

마지막으로, 위험 사회가 만들어 놓은 윤리적 딜레마, 예를 들어 환경 윤리와 사회적 책임 그리고 동물 복지 등에 대해 책임감 있는 행동을 취할 수 있는 가치관을 가져야 한다. 책임감 있는 태도를 바탕으로 말과 행동이 다른 상황에 민감하게 반응하고, 잘못된 점을 바로잡기 위해 실천하는 능력을 발휘할 때 이러한 문제가 해결될 수 있을 것이다.

02

현대 환경 위기에 대한 고찰

지금까지 우리는 위험 사회와 지속 불가능한 시대, 그리고 앞으로 나아가야 할 방향에 대해 간략히 살펴보았다. 이 절에서는 우리 사회가 마주하고 있는 다양한 위험 중에서도 특히 환경 위기에 초점을 맞추어 살펴보고자 한다.

환경 위기

환경 위기는 단순한 자연 현상의 변화를 넘어서, 인류의 생활 방식과 경제적 활동 그리고 사회적 구조에 깊이 뿌리박은 문제로서, 지속 가능한 미래를 위협한다. 이러한 위기 상황은 우리 모두에게 환경에 대해 새롭게 인식하고, 인간과 자연 간의 관계를 재정립할 것을 요구한다. 따라서, 환경 위기를 극복하기 위한 노력은 단순히 기술적 해결책을 넘어서 사회적, 경제적, 그리고 문화적 차원에서의 근본적인 변화를 포함해야 한다.

기후 변화에 관한 정부 간 협의체(Intergovernmental Panel on Climate

Change: IPCC)의 보고서는 지구의 미래에 대해 비관적인 전망을 제시하였다. 인류가 적극적인 대응을 하지 않는다면 생존 자체가 위협받을 수 있다는 경고를 담고 있다. 전 세계적으로 빙상과 빙하가 줄어들고 있으며, 이에 따라 지표 기온이 상승하고 북극 및 고산 지대의 눈 덮인 면적이 감소하였다. 특히, 1993년 이후 해양 온난화 속도가 두 배로 빨라졌고, 이산화탄소의 흡수 증가로 해양 표면의 산성화가 심화되었다. 빙하의 지속적인 손실과 해양의 열팽창, 그리고 열대 저기압 바람과 강우량, 그리고 큰 파도가 증가하여 해수면 상승과 함께 해안 지역에 대한 위험을 더욱 악화시켰다(IPCC, 2019, 2021).

산불 증가, 영구 동토층의 급격한 해빙, 그리고 북극과 산악 지역의 물과 관련한 변화가 생태계를 교란하고 있다. 툰드라 지역에서 식물이 더 많아지는 현상이 잠깐은 긍정적으로 보일 수 있지만, 실제로는 전반적인 생태계에 해를 끼치며, 생물 분포의 변화가 인간의 산업 활동에도 부정적인 영향을 주고 있다. 1960년대 이후 지구 온난화로 인해 맹그로브 숲이 대규모로 소실되었고, 이에 따라 맹그로브에 의존하는 동물들의 먹이와 서식지가 크게 줄어들었다. 산호, 따개비, 홍합 같은 고정 생활을 하는 해양 생물들은 극한의 기온 변화와 해양의 산성화로 인해 서식지가 위협받고 있으며, 산호 백화 현상과 암초의 황폐화가 빈번히 발생하고 있다. 이러한 변화에서 자연이 스스로 회복하려면 매우 긴 시간이 필요하다.

또한, 설빙권의 변화가 인간의 건강에도 부정적인 영향을 미친다는 사실은 주목할 만하다. 수인성 질병의 위험이 커지고 있으며, 작물과 산업의 변화로 인한 영양실조와 정신 건강 문제가 새로운 우려로 떠오르고 있다. 그리고 영구 동토층이 녹아 오염물질이 배출되면서 수질

이 악화하고 있는 상황은 일부 지역의 원주민이 생활 터전을 옮겨야 하는 상황까지 발생시켰다. 이러한 문제들을 해결하기 위해서는 지역사회와 산업계에서 상당한 자금과 기술 그리고 제도적 지원이 필요하지만, 현실적으로 많은 어려움이 따른다. 해빙의 감소로 인해 북극 지방에서는 선박 운행이 늘어나고 있으며, 이는 세계 무역 및 경제에 영향을 주고, 해양 생태계와 해안 공동체에 위험을 초래한다. IPCC(2021)는 이러한 설빙권 변화의 속도와 규모가 21세기 후반에 더욱 증가할 것으로 예상하였고, 바다가 계속해서 따뜻해질 것으로 전망하였다.

지구 온난화의 영향은 우리 사회에 넓고 깊게 영향을 미치고 있다. 자연재해의 빈도와 강도는 급격한 기온 변화로 인해 증가하는 추세에 있다. 2021년 북미에서는 강렬한 불볕더위가 몇몇 주를 강타해 500명 이상이 목숨을 잃었고, 산불도 180건이나 발생하였다. 이러한 현상 뒤에는 지구 온난화가 큰 원인으로 작용하고 있다. 19세기 말 산업화가 시작된 이후 지구의 평균 기온은 1.2℃ 상승하였고, 이는 극심한 더위의 발생 가능성을 최소 150배나 증가시켰다는 것이 IPCC의 분석이다. 이에 따라 앞으로 재앙 수준의 불볕더위가 많은 사망자를 발생시킬 것으로 예상된다. 특히, 도시 지역에서는 시멘트와 콘크리트로 인해 열섬효과가 발생하면서 열이 갇혀 더욱 더워지는 악순환을 겪고 있다.

우리나라도 지구 온난화의 영향에서 벗어날 수는 없다. 이미 한반도에서는 불볕더위, 폭설, 가뭄, 홍수가 반복되고 해수면이 상승하는 등 기상 패턴의 변화가 목격되고 있다. 여름철 불볕더위가 자주 발생하고 그 지속 기간이 길어지면서, 농작물의 수확 시기 조정과 농업 생산에도 영향을 주고 있다.

국립기상연구소에 따르면 지난 100년 동안 한반도의 평균 기온은

1.7℃ 상승하였는데, 이는 전 세계 평균 상승률보다 높은 수치이다. 21세기 말 한반도의 기온은 저탄소 시나리오일 때 2.6℃, 고탄소 시나리오일 때 7.0℃ 상승하고 평균 강수량은 현재 1,195mm에서 저탄소 시나리오일 때 1,233.4mm, 고탄소 시나리오일 때 1,370.5mm까지 증가할 것으로 예상한다. 온난일은 현재 36.5일에서 저탄소시나리오일 때 74.4일, 고탄소 시나리오일 때 129.9일까지 증가하고 한랭일은 거의 발생하지 않아(기상청, 2020), 한반도의 기후는 점차 아열대 기후로 바뀔 것으로 보인다. 이에 따라 기후 변화로 인해 여름철 전염병이 봄에 발생하고, 겨울은 짧아지며 여름은 길어질 것이다. 또한 왜가리, 백로, 황로와 같은 여름 철새가 텃새화하고 봄꽃의 개화 시기가 앞당겨질 것으로 예상된다.

연안 수온의 상승은 바다의 적조 현상을 빠르게 변화시키고, 난류성 플랑크톤의 증가로 어획 시기와 어종의 변화를 불러올 것이다. 동해에서는 명태와 대구의 어획량이 줄어들 것이며, 오징어와 자리돔의 어획량은 증가할 전망이다. 남해에서는 고등어, 멸치, 오징어의 생산율이 높아질 것으로 보인다. 아열대 해파리와 아열대 물고기 출현은 기후 변화의 또 다른 징후이다.

농업 분야에서도 변화가 감지되고 있다. 소나무재선충과 같은 병충해가 증가하고, 작물의 북방 한계선이 북쪽으로 이동해 사과 주산지가 강원도로 옮겨 가고 있다. 이러한 현상들은 기후 변화가 한반도의 자연환경과 인간 생활에 광범위한 영향을 미치고 있음을 보여 준다.

기후 변화는 생태계에 근본적인 변화를 일으키며 생물 다양성 감소, 생태계의 불균형, 생물 분포 및 이동 패턴의 변화를 초래한다. 생물 다양성의 감소는 단순히 생태계의 불균형을 넘어서 식량 생산의 감소,

질병의 증가, 자연재해의 증가와 같은 심각한 문제를 일으킨다. 이는 의약품 개발, 관광 산업, 농업 생산 등 다양한 분야에서 경제 손실을 초래한다. 이는 미래 세대에게 건강하고 지속 가능한 세상을 물려주지 못하는 심각한 위협이 되고 있다.

생물 다양성이 감소하는 원인은 다양하다. 서식지 파괴, 생물종 분포의 변화, 번식과 생존의 어려움, 생태계의 불균형 등이 주요 원인이다. 예를 들어, 해수 온도 상승으로 인한 백화 현상이나 해빙의 감소로 인해 북극곰의 서식지 및 개체수가 감소하는 현상은 잘 알려져 있다.

특히 새앙토끼와 같이 적응력과 번식력이 뛰어난 종조차도 기후 위기와 인간 활동으로 생존 위협을 받고 있다. 한반도에서는 백두산과 북한 양강도 일대에 소수만이 남아 있으며, 이들은 건조하고 바위가 많은 고지대에서 생활한다. 기온 상승은 이러한 종에게까지 치명적이며, 지구 온난화는 많은 생물종의 서식지 및 먹이 문제를 더욱 악화시킨다.

한반도뿐만 아니라 세계적으로도 많은 동식물이 멸종 위기에 처해 있다. 아마존 우림은 이러한 문제의 상징적인 예로, 세계 최대 규모의 우림으로서 지구의 기후 조절에 중요한 역할을 한다. 그러나 아마존 우림의 생물 다양성은 목재 생산, 농지 확장, 목초지 개발, 광산 개발 등을 위한 산림 벌채와 같은 인간 활동으로 인해 급격하게 감소하고 있다 (Nobre et al., 2021). 이러한 숲 파괴는 기후 변화와 상호 작용하며 극심한 기온 변화, 가뭄, 산불 등을 초래하여 생태계에 악영향을 미친다.

아마존 우림의 변화는 동식물뿐만 아니라 인간에게도 많은 영향을 미친다. 천연자원의 남획은 사회적 갈등과 폭력을 불러오며, 특히 원주민과 지역사회에 심각한 영향을 준다. 이러한 변화는 우리에게 기후 변화의 심각성과 생물 다양성 보존의 중요성을 다시 한번 상기시킨다. 따라서 우리는 지구상의 생명체와 생태계의 건강을 위해 지속 가능한 방식으로 행동하는 것이 시급하다.

한편, 생물 다양성 보존에 대한 노력도 큰 성과를 거두었는데, 특히 브라질에서 2005년부터 2012년까지 삼림 벌채율을 84%나 감소시킨 사례는 앞으로의 환경정책 지원에 있어 중요한 이정표가 된다. 그럼에도 불구하고, 환경을 개발하거나 경제적 성장 및 소비의 촉진에 초점을 둔 지속 불가능한 정책이 여전히 생물 다양성 보존과 지속 가능한 이용보다 우위를 차지하고 있는 현실은 큰 우려를 낳고 있다.

현재 아마존의 토양과 식물이 저장하고 있는 탄소의 양은 약 2천억 톤으로, 이는 지구 전체에서 매년 배출되는 이산화탄소의 5배에 달하는 양이다. 이는 아마존이 지구 기후 조절에 얼마나 중요한 역할을 하는지를 보여 준다. 하지만 숲이 계속 파괴되면 이러한 탄소 저장 능력은 감소할 수밖에 없다. 인간의 활동으로 인한 기후 변화와 숲의 황폐화는 서로 영향을 주고받으며, 아마존의 생태계와 탄소 균형에 계속해서 부정적인 영향을 미칠 위험이 있다.

이러한 상황은 아마존뿐만 아니라 전 세계의 다른 생태계에도 해당하며, 생물 다양성 보존과 지구 기후 안정을 위한 글로벌 차원의 노력을 더욱 강화할 필요성을 시사한다. 따라서 지속가능발전과 환경 보호를 위한 국제 협력과 정책의 중요성은 그 어느 때보다도 크다고 할 수 있다.

현대 환경 위기의 특징

환경 문제는 현대 사회에서만 나타난 현상이 아니며, 인간 활동에 의해서만 발생하는 것도 아니다. 자연적인 원인에 의해 기후 변화가 일어나는 경우도 있다. 예를 들어, 1815년 인도네시아의 탐보라 화산이 폭발하였을 때, 방출된 아황산가스가 대기 중에서 물방울로 변화하여 해를 가리고 지구의 기온을 낮추었다. 이에 따라 다음 해에 여름이 거의 사라졌으며 작물 피해와 기근이 발생하였다(Oppenheimer, 2003). 인간의 활동이 환경 문제를 일으킨 사례는 과거로 거슬러 올라가서도 찾을 수 있다. 19세기 후반의 산업화와 기술 혁신이 가져온 런던의 대기 오염 문제보다 훨씬 이전, 약 2,400년 전 청동기 시대에 중앙아시아 지역에서는 건축·난방·요리를 위한 벌목으로 산림이 사라졌다(Starr, 2021). 이 지역에서는 가축의 방목으로 인한 산림 황폐화와 생물 다양성의 감소 현상이 지금까지도 지속되고 있다(Eshtemirovich et al., 2019).

이러한 사례들은 환경 문제가 시간과 장소를 넘어 인류 역사의 일부였음을 보여 준다. 자연적인 사건과 인간의 활동 모두가 지구환경에 영향을 미쳐 왔으며, 이에 따른 결과는 오늘날 우리가 직면한 환경 문제의 복잡성을 이해하는 데 중요한 맥락을 제공한다. 과거의 환경 위기는 주로 자연 현상이었거나 국지적으로 발생하는 경우가 많았다. 그에 반해 현대에 발생하는 환경 위기는 지구 전체에 광범위하게 일어나며, 그 복잡성에서 새로운 차원을 보여 준다. 이것으로 현대의 환경 문제가 단순히 한 지역의 문제에 그치지 않고, 전 지구적 차원에서 서로 영향을 주고받는 복잡한 현상임을 알 수 있다.

이렇듯 현대의 환경 위기는 범지구적으로 일어나고 있다. 이는 더 이상 특정 지역에 국한되지 않으며 대기 오염, 기후 변화, 해양 오염 등의 문제가 국경을 넘어 영향을 미치는 전 세계적인 현상이다. IPCC의 2021년 보고서에 따르면 전 세계의 주요 기후 지표들이 변화하고 있으며, 화학 물질 및 오염 물질의 범지구적 분포가 지역 생태계에 영향을 주고 있다(IPCC, 2021). 해양 플라스틱 오염과 같은 문제는 국제적인 노력이 필요한 글로벌 환경 위기로 드러나고 있기도 하다(Jambeck et al., 2015). 세계화가 자원 이동을 증가시키며, 한 지역의 활동이 다른 지역의 자연환경에 영향을 미쳐 생태계 교란을 증가시키고 지구 전반에 걸친 환경 파급 효과를 초래하고 있다. 이러한 범지구적 환경 문제에 대응하기 위해서는 다양한 국가와 이해관계자들의 국제 협력과 다자간 노력이 필수적이다.

또한, 현대의 환경 위기는 그 복합성에 뚜렷한 특징을 보인다. 기후 변화, 생물 다양성의 감소, 대기 오염, 물 부족 등 여러 문제가 서로 얽혀 복잡한 영향을 주고받고 있다. 이러한 환경 문제들은 상호 작용하면서 그 복잡성을 더욱 증가시킨다. 지구 시스템 내에서는 대기·해양·육지·생물 등의 다양한 구성 요소들이 서로 연결되어 있어, 한 지역에서의 환경 변화가 전 세계적으로 확산하는 현상을 볼 수 있다. 이는 한 지역의 문제가 결코 그 지역에만 국한되지 않음을 의미하며, 지구 전체의 환경 시스템에 영향을 미친다(Silveira et al., 2022)는 것을 나타내 주고 있다. 결국, 현대의 환경 위기는 전 세계적으로 퍼져 있는 보편적인 심각성을 드러낸다고 할 수 있다.

한편, 환경 위기는 단순히 자연환경에만 영향을 끼치는 것이 아니라, 지역사회의 경제·건강·문화·안전 등 여러 측면에 깊숙이 영향을 미친다. 특히, 취약 계층은 이러한 위기로 인해 더 큰 피해를 본다. 기후 변화와 해양 오염으로 인해 농작물과 어족 자원이 줄어들고, 해안 침식과 관광 산업의 침체로 인해 지역 경제가 심각한 타격을 받을 수 있다. 또한, 해수면 상승 그리고 홍수와 가뭄 등은 전통적인 생활 방식과 문화유산을 위협하며, 환경오염은 지역사회의 정체성과 문화적 가치를 훼손할 위험이 있다. 빈곤층·어린이·노인·장애인 등 취약 계층은 환경 위기에 대응하는 능력이 낮고, 그 피해를 극복하는 데 큰 어려움을 겪는다(Barnett & Adger, 2007).

기후 변화는 자연 자본에 대한 접근을 줄여 빈곤을 직접 증가시킬 뿐만 아니라, 수자원과 같은 공공 기반 시설에 대한 비용 증가로 정부 재정 문제로 이어질 수 있다. 가장 큰 영향을 받는 국가들은 예멘, 아이티, 차드, 코트디부아르와 같이 상대적으로 약소국들이다. 투발루를 비롯한 남태평양 지역의 섬에서는 해수면 상승으로 인해 섬이 수몰될 위험에 처하면서, 그곳에서 사용되던 다양한 언어가 사라질 위험에 놓여 있다. 또한 바다와 밀접한 관계를 유지해 온 주민들은 이제 전통적인 음식 문화와 생활 방식을 유지하기가 점점 더 어려워지고 있다(Mortreux & Barnett, 2009).

03

환경 위기와 교육의 변화

위험 사회로의 급격한 변화는 다양한 분야에서 혁신과 변화를 촉진하였으며, 이러한 변화의 파도는 교육 영역에도 영향을 미쳤다. 사회적·경제적·환경적 위기가 증가하면서, 교육 체계도 이러한 새로운 도전에 대응하기 위해 변화해야 하였다. 이는 교육 내용의 개선, 교육 방법의 혁신, 그리고 학습 환경의 재구성을 포함한다. 교육은 더 이상 단순히 지식의 전달에만 초점을 맞추지 않고, 비판적 사고와 문제 해결 능력 그리고 지속 가능한 미래를 위한 책임감 있는 시민 의식을 함양하는 데 중점을 두게 되었다. 따라서, 위험 사회로의 전환은 교육의 목적과 방법 모두에 있어 근본적인 변화를 불러오는 계기가 되었다.

교육 환경의 변화

현대 사회에서 교육은 계속해서 다양한 변화와 도전에 대응하고 있다. 이러한 변화는 주로 기술 발전, 세계화, 교수·학습 유형의 다변화 등 다양한 측면에서 나타난다. 교육의 내용과 방법 또한 변화하고 있다.

현대 교육의 큰 특징이라면 첫째, 디지털 교육을 들 수 있다. 정보기술 발전을 활용해 학습 과정과 교육 내용의 질을 향상시키는 방법으로, 전통적인 교육 방식을 넘어 다양한 형태의 학습 경험을 제공한다. 디지털기술은 학습자에게 언제 어디서나 학습의 기회를 제공해 교육의 접근성을 높이고, 각 학습자의 학습 수준과 관심에 맞춰 개인화된 학습 경험을 제공하여, 학습 효과를 증대시킬 수 있으며, 디지털 플랫폼을 통한 그룹 프로젝트 및 온라인 협업을 통해 협력과 창의성을 증진할 수 있다.

아울러, 인공 지능 기술은 앞으로 교육 현장에서 더 많이 활용되리라 예상된다. 학생들의 학습 경로를 분석하고 맞춤형 교육 프로그램을 제공할 뿐만 아니라, 평가와 교수 설계에서 교사 업무를 지원할 수 있다. AI 기반 온라인 교육 플랫폼은 시간과 장소에 제약 없이 양질의 교육 콘텐츠를 제공하여 교육 격차 해소에 도움이 되고 있다. 한국 교육방송 공사에서 제작하는 EBSi, 한국 장애인 개발원의 AI 기반 자폐 스펙트럼 학생 학습 프로그램, 서울대학교 병원의 AI 기반 청각 장애 학생 언어 재활 프로그램 등을 예로 들 수 있다.

디지털 교육은 학교의 모습을 바꾸기도 한다. 2012년 설립된 미네르바 대학은 기존 대학교와는 다르게 세계 각지의 도시에서 온라인으로 수업을 진행하며 학생들에게 다양한 문화와 환경에서 학습할 수 있도록 한다. 세계적인 전문가들로 구성된 교수진은 다양한 분야에서 깊은 전문 지식을 가지고 있으며 학생들에게 현대적이고 실용적인 교육을 하고 있다. 강의실은 없지만 학생들은 세계 여러 도시에 있는 기숙사에서 수업받으며 다양한 문화와 환경 속에서 현실 세계의 실무 능력을 키운다.

칸 아카데미(Khan Academy)는 개인화된 학습 경험을 제공하며 수학, 과학, 역사 등 다양한 주제의 강의에 무료로 참여할 수 있다. 2014년 설립된 칸 랩 스쿨(Khan Lab School)은 개인별 교육과정에 중점을 두며 학년이 없다. 인공 지능이 추천한 맞춤형 교육으로 중학생도 실력이 부족하면 초등학교 수준의 내용을 배우거나 반대로 학습 능력이 뛰어나면 상급 단계 학습을 할 수 있다.

현대 교육의 두 번째 특징은 거의 모든 교육 영역에서 환경교육과 지속가능발전교육이 강조되고 있다는 것이다. 2022 개정 초·중등학교 교육과정 총론을 살펴보면, 교육과정 변화를 요청하는 주요 배경과 교육과정 구성의 중점으로 '인공 지능 기술 발전에 따른 디지털 전환, 감염병 대유행 및 기후·생태 환경 변화, 인구 구조 변화 등에 의해 사회의 불확실성 증가'를 첫 번째로 들고 있다(교육부, 2022). 2022 개정 교육과정에서는 처음으로 융합 선택과목으로 '기후 변화와 환경 생태' 교과목을 신설하였다. 과학, 사회를 비롯한 여러 과목에서도 '환경·지속가능발전교육' 내용이 많이 포함되어 있다. 이는 지속 가능한 생활 방식을 채택하고 환경에 대한 책임과 인식을 지닌 시민으로 성장하는 데 필요한 기본적인 능력과 지식을 포함하는 것이다.

기후 위기와 생물 다양성 감소 그리고 자원 고갈 등과 관련된 주요 환경 문제를 이해하고, 에너지 및 자원 소비를 최소화하며, 재활용과 재생 가능 에너지 사용 등을 통해 지속 가능한 생활 방식을 실천하는 능력이 필요하다. 자신의 행동이 환경에 미치는 영향을 이해하고 최소화할 수 있도록, 가정·학교·사회에서 교육이 이루어져야 한다. 이를 통해 지속 가능한 제품을 선택하고, 불필요한 소비를 줄이며, 환경에 부담을 주지 않는 소비와 생산 습관을 형성해야 한다.

지역사회에서 학교와 연계하여 이루어지는 지속가능발전교육 사례로 미국의 '그린 스쿨(Green Schools)' 프로그램을 들 수 있다. 학교 건물의 친환경 개선, 지역의 환경 문제 연구, 지속 가능한 식품 소비 캠페인 등의 활동을 한다. 이를 통해 학생들은 지역사회의 지속 가능한 발전을 위해 행동하는 방법을 배우고 경험한다.[1)]

국제적인 교류를 통해 지속가능발전교육을 하는 프로젝트로서는 발트해 프로젝트(Baltic Sea Project)를 예로 들 수 있다. 유네스코(United Nations Educational, Scientific and Cultural Organization: UNESCO) 연계 학교 네트워크에서 진행하는 이 프로젝트는 발트해 지역의 환경 문제에 대한 학생들의 인식을 높이고, 인간과 자연의 상호 의존성에 대한 과학적·사회적·문화적 측면에 대한 이해를 제공하고, 학생들이 지속 가능한 미래를 만드는 데 참여하도록 장려한다. 스웨덴, 덴마크, 독일, 폴란드, 러시아 등 발트해 주변 국가들이 파트너 국가이며 연계 학교에서는 온라인 도구와 학습 환경(eTwinning, Legulus, iNaturalist)을 사용하여 아이디어를 교환하고 학습 프로젝트에서 협력한다.

스웨덴에서는 학교 기후 프로젝트(Skolprojekt Klimat)를 통해 학생들에게 기후 변화에 대한 교육을 제공하고 있다. 이 프로젝트는 학교에서 학생들이 기후 변화에 대한 이해를 높이고, 지속 가능한 행동을 촉진하는 데 중점을 두고 있다. 캐나다에서는 에코 스쿨(Eco School)이라는 환경교육 프로그램을 운영하고 있다. 이 프로그램은 학교에서 환경경영, 에너지 효율성, 자원 관리 등에 대한 학생과 교사의 참여를 촉진하며 학교와 지역사회 간의 협력을 강조한다. 미국에서는 프로젝트 러닝 트리(Project Learning Tree: PLT)라는 환경교육 프로그램이 활발하게 운영되고

---

1) [https://www.usgbc.org/press/about-center-green-schools]에서 해당 내용을 살펴볼 수 있다.

있다. PLT는 야외 교육 및 환경교육을 통해 학생들이 자연과 관련된 주제의 이해를 증진하고 지속 가능한 행동을 촉진한다. 호주에서는 지속 가능한 학교 프로그램을 통해 학생들에게 환경교육을 제공하고 있다. 이 프로그램은 학교에서의 에너지 효율성, 자원 관리, 친환경 실천 등을 강조하여 학교와 지역사회의 지속 가능한 개발을 촉진한다. 핀란드의 자연 속에서의 학제 간 학습(Interdisciplinary Learning in Nature) 프로젝트는 자연에서의 통합적인 학습을 강조한다. 이 프로젝트는 학생들이 자연 속에서 다양한 학문 분야를 경험하고 지속 가능한 생활에 대한 인식을 높일 수 있도록 지원한다.

한국에서도 지역사회와 학교가 협력하여 환경 동아리 활동, 지속가능발전 정책 제안, 환경 리더 등 다양한 활동을 하고 있다. 지역마다 환경교육센터와 생태학교를 운영하여 학생들의 환경에 대한 이해를 높이는 교육을 제공하고 있다. 생태학교에서는 야외 활동이나 체험 학습 등을 통해 지속 가능한 생태계와 자연에 대한 경험을 제공하며, 환경교육사 자격제도를 운영하여 전문 역량을 갖춘 지역의 환경교육 전문가 양성을 통해 환경교육의 질과 신뢰성을 높이고 있다. 학교와 지자체가 연계한 활동도 활발히 진행되고 있는데, 학교의 환경 동아리 지원이 늘고 있으며, 학생의 눈으로 지역 문제를 발견하고 해결책을 제시하는 정책 제안 활동도 여러 시도에서 이루어지고 있다.

이러한 사례를 통해 알 수 있듯이 학교와 지역사회가 함께 지속가능발전교육을 추구하고 있다. 학생들은 이를 통해 이론적 지식뿐만 아니라 실제 행동을 통해 지속 가능성에 기여하는 경험을 쌓으며 환경 위기에 대한 소양과 핵심 역량을 키우고 있다.

셋째, 현대 교육은 문화 감수성과 사회적 책임감 증진을 강조한다.

문화 감수성은 특정 사회나 공동체의 가치, 태도, 믿음, 예술 등의 특성을 이해하고 수용하는 데 활용되는 능력을 말한다. 이는 환경 문제와 지속 가능성에 대한 인식과 대응에 큰 영향을 미친다. 문화 감수성이 높은 사회는 환경 문제에 대한 민감성이 높을 가능성이 있다. 특정 문화나 전통이 지속 가능한 생활에 중점을 두고 있다면, 그에 따라 환경에 대한 인식이나 대응도 더욱 강조될 수 있다. 특정 문화적 가치와 환경 보호가 어떻게 연결되는지를 강조하여 학생들이 지속 가능성에 대한 문화적 이해를 발전시킬 수 있다. 특정 문화에서는 자연과의 조화, 자원 절약, 재활용과 같은 가치를 중요하게 생각할 수 있으며, 이러한 가치를 존중하고 촉진하는 데 문화 감수성이 큰 역할을 한다.

문화 감수성은 지역사회의 참여와 협력에도 영향을 미친다. 특정 문화에서는 지역의 환경 문제에 대한 책임과 연대감을 중요시하는 경향이 있으며, 이는 지역사회가 지속 가능성에 더 적극적으로 참여하도록 격려할 수 있다.

미국의 보스턴은 지속 가능한 지역사회를 만들기 위한 노력을 전개하고 있다. 그 예로, 건물의 에너지 효율성을 높이는 정책을 시행하고, 지속 가능한 교통수단으로 대중교통과 자전거 이용을 촉진하는 정책을 추진하고 있다. 또한, 도시 내에 지역사회 정원과 농업 프로젝트를 활성화하여 지역 주민들이 지속 가능한 식생활에 참여할 수 있도록 지원하고 있다. 시민을 위한 공공장소를 활용하여 채소와 과일을 자유롭게 재배하고 나누는 활동은 지역사회 간의 연대를 형성하고 지속 가능성을 증진하는 데 기여한다. 이러한 노력들은 단순한 정책 실행을 넘어, 시민들이 직접 참여하고 실천할 수 있는 환경을 조성하는 데 초점을 맞추고 있다.

또한, 유럽 일부 국가에서는 환경 보호를 위한 시민 참여 문화가 더욱 정착되어 있다. 예를 들어, 독일에서는 '플라스틱 없는 마을' 프로젝트가 운영되고 있으며, 지역 주민들은 일회용 플라스틱 사용을 줄이기 위해 협력하고 있다. 상점과 카페에서도 일회용 플라스틱 사용을 최소화하기 위해 재사용 가능한 용기를 지참하는 고객에게 할인 혜택을 제공하는 등의 실천이 이루어지고 있다. 프랑스에서는 슈퍼마켓에서 음식물 쓰레기 발생을 줄이기 위한 법안을 시행하고 있으며, 기한이 임박한 식품을 할인된 가격에 판매하거나 기부하도록 의무화하고 있다. 이는 단순히 환경 보호를 넘어 사회적 연대와 책임감을 바탕으로 지속 가능한 소비 문화를 정착시키는 데 기여하고 있다.

이러한 지역사회 중심의 지속 가능성 실천 사례는 한국에서도 찾아볼 수 있다. 예를 들어, 한국에서는 카페, 경기장 등에서 일회용품 사용을 규제하는 정책이 시행되고 있으며, 시민들이 이를 적극적으로 감시하는 문화가 형성되고 있다. 일부 업장이 이러한 규제를 제대로 지키지 않을 경우, 시민들이 직접 신고하여 개선을 유도하는 사례가 많다. 이는 환경 문제를 해결하기 위해 시민과 지역사회가 자발적으로 참여하는 문화 감수성이 작용한 대표적인 사례로 볼 수 있다. 특히, 일회용품 감시 시민 활동과 같은 플랫폼을 통해 시민들이 적극적으로 정보를 공유하고, 환경 규제를 준수하지 않는 업체가 개선하도록 압력을 가하는 모습도 확인할 수 있다.

이처럼 문화 감수성이 높은 사회에서는 환경 보호와 지속 가능성 실현을 위해 정부 정책뿐만 아니라 시민과 지역사회가 자발적으로 참여하는 문화가 형성된다. 이러한 문화적 요소는 지속 가능성을 실천하는 데 있어 중요한 동력이 되며, 앞으로도 다양한 국가와 지역에서 더욱 확산될 것으로 기대된다.

참고문헌

교육부. (2022). 초·중등학교 교육과정 총론. 교육부.

기상청. (2020). 기후 변화 시나리오를 알면 미래가 보인다. 기상청.

Barnett, J., & Adger, W. N. (2007). Climate change: Human security and violent conflict. *Political Geography*, 26(6), 639–655.

Beck, U. (1986). *Riskikogesellschaft: auf dem Weg in eine andere Moderne*. Frankfurt am Main: Suhrkamp.

Brynjolfsson, E., & McAfee, A. (2014). 제2의 기계 시대: 인간과 기계의 공생이 시작된다. 서울: 청림.

Chouinard, Y., & Stanley, V. (2016). *Let my people go surfing: The education of a reluctant businessman*. London: Penguin.

Crutzen, P. J., & Stoermer, E. F. (2000). "The Anthropocene". *The International Geosphere–Biosphere Programme (IGBP) Newsletter*. 42, 17–18.

Danish Energy Agency. (2020). *Energy Statistics 2020*. Copenhagen: Danish Energy Agency.

Ellis, E. (2018). *Anthropocene: A very short introduction*. Oxford: Oxford University Press.

Eshtemirovich, K. U., Abdusafiyevna, P. N., & Abduakhadovna, A. S. (2019). The rare and endemic plants in mountain and foothill territories of kashkadarya basin. *International Journal of Scientific and Research*

Publications, *9*(6), 623–626.

IPCC. (2019). *Special report on the ocean and cryosphere in a changing climate*. Cambridge and New York: Cambridge University Press.

IPCC. (2021). *Climate change 2021: The physical science basis. Contribution of Working Group I to the Sixth Assessment Report*. Cambridge & New York: Cambridge University Press.

Jambeck, J., Geyer, R., Wilcox, C., & Siegler, T. (2015). Plastic waste inputs from land into the ocean. *Science, 347*(6223), 768–771.

Liu, D., Zhang, Y., Tang, Y., & Wang, Z. (2017). Nuclear power in china: Contested regimes. *Energy Policy*, 108, 166–172.

Mortreux, C., & Barnett, J. (2009). Climate change: Migration and adaptation in coastal communities of the pacific. *Climate and Development*, *1*(1), 95–112.

Nobre, C. A., Encalada, A. C., Anderson, E., Roca Alcazar, F. H., Bustamante, M., Mena, C. F., Peña–Claros, M., Poveda, G., Rodríguez, J. P., Saleska, S., Trumbore, S., Val, A. L., Nova, L. V., Abramovay, R., Alencar, A., Alzza, C. R., Armenteras, D., Artaxo, P., Athayde, S., Filho, H. B., ... Espinoza, J. C. (2021). *Amazon Assessment Report 2021*. New York: United Nations Sustainable Development Solutions Network.

Oppenheimer, C. (2003). Climatic, environmental and human consequences of the largest known historic eruption: Tambora volcano (Indonesia) 1815. *Progress in Physical Geography*, *27*(2), 230–259.

Rottalino, F. (2018). Circular advantage anyone?. *Thunderbird International Business Review*. *60*(5), 721–810.

Silveira, M., Sival–Junior, C., Anderson, L., & Aragao, L. (2022). Amazon fires in the 21st century: The year of 2020 in evidence. *Global Ecology and Biogeography*. *31*, 2026–2040.

Starr, F. (2021). 잃어버린 계몽의 시대 [The lost enlightenment: Bestselling author of the defining moment]. 도서출판 길.

Chapter

02

지속가능사회를 위한 교육적 접근

01

간학문성, 다학문성, 초학문성

현실 세계의 문제는 대부분 복잡해서 하나의 학문 분야만으로는 해결하기 어렵기 때문에 여러 학문이 서로 협력하거나 지식을 융합하여 새로운 해결책을 찾아내는 것이 필요하다. 이러한 방식은 학문에 대한 간학문성·다학문성·초학문성 접근이 필요함을 의미하는데, 이는 서로 다른 분야의 전문가들이 협력하여 복잡한 문제에 대해 보다 효과적이고 창의적인 해결책을 찾아낼 수 있도록 돕는다.

간학문성은 서로 다른 학문 분야가 교차하는 부분, 즉 교집합에 해당하는 학문 영역이라고 설명할 수 있다. 다학문성은 여러 학문 분야가 함께 모여 각자의 관점에서 문제를 바라보고 해결책을 모색하는 것, 즉 학문 분야 간의 합집합을 의미한다고 볼 수 있다. 그리고 초학문성은 학문의 경계를 넘어서, 다양한 분야의 지식과 방법론을 통합하여 실제 세계의 복잡한 문제를 해결하는 데 집중하는 접근 방식이다.

위험 사회가 가져오는 지속 불가능성을 낮추기 위해서 교육에 관한 새로운 패러다임을 정립해야 한다. 우리가 마주한 여러 문제들은 단순히 하나의 학문 분야를 넘어서는 초학문적 특성이 있다고 볼 수 있지만 이와 동시에 간학문성과 다학문성의 특성도 함께 가지고 있으므로 각 특성에 대해 이해하는 것은 중요하다.

간학문성

간학문성(Interdisciplinarity)은 서로 다른 학문 분야가 만나 교류하고 상호 작용하는 것을 의미한다. 이는 학문과 학문 사이의 연결고리로, 서로 다른 분야의 지식과 방법론이 결합하여 새로운 관점을 제시한다. 간학문성은 학문 간의 관계를 분석하고 종합하여 새로운 학문적 영역을 창출하는 과정이다(Choi & Pak, 2006). 간학문적 융합이 이루어질 때, 한 분야의 연구 방법이 다른 분야로 전달되기도 하지만, 여전히 학문이라는 큰 틀 안에서 이루어진다(Nicolescu, 2014).

그러나 간학문성이 항상 쉽게 받아들여지는 것은 아니다. 사회과학 분야에서는 사회, 문화, 정치적 영향으로 인해 간학문적 이론의 발전이 제한될 수도 있다(Conrad, 2002). 예를 들어, 여성학이나 식민지 연구와 같은 분야에서는 간학문성이 드러날 수 있으나, 이들 분야가 기존 학문 체계에 통합되는 과정에서 여러 도전에 직면한다(Bird, 2001; Huggan, 2002).

자연 과학 분야에서는 생화학, 생물 정보학, 지구 물리학 등 특정 두 분야가 융합하여 간학문적 연구가 이루어지는 사례를 볼 수 있다. 이는 분야 간의 균형적인 융합을 통해 새로운 학문적 영역을 형성한다. 하지만 단순한 유사성이나 수학적 모델의 일치만으로 간학문성이 충족되는 것은 아니다(Klein, 2010). 예를 들어, 뇌와 호두의 외형적 유사성이 뇌신경과학과 식물생리학 사이의 직접적인 교류를 의미하지 않는 것과 같다(Alvargonzález, 2011).

결론적으로, 간학문성은 학문과 학문의 교집합으로 간주할 수 있다. 이는 한 분야의 연구 방법이나 지식이 다른 분야와 교류할 수 있음을 의미하지만, 실제로는 더 복잡하게 나타난다. 학문 분야는 서로 겹치는 부분에서 상호 작용하며, 이 과정에서 새로운 지식과 방법론이 탄생한다.

다학문성

다학문성(Multidisciplinarity)은 말 그대로 다양한 학문이 모여 있다는 것을 의미한다. 'multus'라는 라틴어에서 유래한 'multi'가 '많은', '다양한'을 뜻하기 때문에, 다학문성은 여러 학문 분야가 각자의 지식과 방법론을 가지고 함께 문제를 바라보고 해결하는 접근 방식을 말한다(Alvargonzález, 2011). 이 과정에서 각 학문은 독립적으로 연구되지만, 그 결과가 서로 통합되어 새로운 해결책을 제시한다.

다학문성은 간학문성과는 달리 학문이 개별적으로 연구되고 그 학문들의 관점이 통합된다(Nicolescu, 2014). 다른 방식으로 설명하면 다양한 분야의 지식을 해당 분야 내에서만 활용하는 특성이 다학문성이라고 할 수 있다(Choi & Pak, 2006).

다학문성과 간학문성의 공통점은 학문이라는 영역에 국한된다는 점이다. 예를 들어, 전쟁은 가장 역사적으로 오래된 다학문적 분야인데, 그 이유는 생물학·물리학 등 다양한 학문이 전쟁이라는 카테고리로 함께 응용되지만, 이 중심 연구가 각 학문을 대체하지는 않고 고유의 성질을 유지하기 때문이다.

또 다른 예로, 천체 물리학의 발전을 살펴보자. 천체 물리학은 우주의 별들, 행성들이 어떻게 움직이는지를 연구한다. 이를 위해 망원경을 사용하는 광학, 우주 탐사 로봇을 만드는 로봇 공학, 우주 환경을 이해하는 데 필요한 생리학과 대기과학 등 다양한 학문이 필요하다. 이 모든 학문이 천체 물리학의 발전을 위해 각자의 지식을 제공하지만, 각 학문은 자신의 독립성을 유지하며 천체 물리학이라는 큰 틀 안에서 통합된다.

다학문적 연구에 때로는 간학문적 접근이 필요할 수 있으며, 이를 통해 새로운 학문이 탄생할 가능성도 있다. 하지만, 궁극적으로는 다학문적 연구의 목적은 각 학문 분야의 지식을 모아 하나의 문제에 대해 보다 깊이 있고 폭넓은 이해를 도모하는 데 있다. 천체 물리학에서 로봇 공학의 활용이 좋은 예시이다. 로봇 공학은 기계 공학, 전자 공학, 컴퓨터 공학 등의 융합으로 탄생하였지만, 이 모든 것은 결국 천체 물리학을 연구하기 위한 도구로 사용된다.

초학문성

초학문성(Transdisciplinarity)이라는 개념은 'trans'라는 라틴어에서 유래하였으며, 이는 '가로지르다', '넘어서다', '초월하다'와 같은 의미를 담고 있다(Alvargonzález, 2011). 우리말로는 '탈학문'이나 '범학문'으로도 표현되곤 하는데, 이 책에서는 한국학술지인용색인(KCI)에서 자주 사용되는 '초학문'이라는 용어를 사용하기로 한다. 초학문성은 단순히 여러 학문을 활용하는 것을 넘어서 학문의 경계를 초월한 새로운 영역에 자리 잡은 학문의 특성을 말한다.

다학문성이 여러 학문 분야의 지식을 결합하는 것에 중점을 둔다면, 초학문성은 한 단계 더 나아가 학문의 경계 자체를 넘어서는 것을 의미한다. 이는 다학문이 특정 학문 간의 연결고리를 찾아내지만, 초학문성은 그러한 경계를 완전히 넘어 새로운 지식과 해결책을 창출한다는 데 차이가 있다(Nicolescu, 2002).

초학문성의 중요한 점은, 이것이 단순히 학문 간의 교류나 협력을 넘어서, 전혀 새로운 방식으로 문제를 바라보고 해결하는 새로운 지식의 영역을 만든다는 것이다. 이는 복잡하고 다양한 현대 사회의 문제들이 점점 더 학문적 경계를 넘어서고 있기 때문에, 이에 대응하기 위해서는 더 창의적이고 포괄적인 접근 방식이 필요하기 때문이다. 초학문성은 자연 과학, 사회 과학, 보건 과학과 같은 다양한 분야를 인문학적인 관점에서 통합하며 기존에 있던 학문적 경계를 넘어서는 개념이다(Choi & Pak, 2006). 이러한 초학문적 접근의 주된 목표는 현실 세계를 더 깊이 이해하는 것에 있으며, 이를 위해 필요한 핵심 요소 중 하나는 바로 지식의 통합이다(Nicolescu, 1996). 다시 말해, 현실을 이해하기 위해서는 여러 학문 분야에서 오는 지식과 접근 방식을 활용하는 것이 중요하다. 이 과정은 단지 여러 학문을 적용하는 것에 그치지 않고 과학, 사회 과학, 인문학 등이 서로 결합하여 통합적인 지식을 창출하는 것을 의미한다.

초학문성을 더 잘 이해하기 위해, 이를 설명하는 두 가지 주요 방식인 모드1(Mode 1)과 모드2(Mode 2)를 살펴볼 수 있다. 이 두 모드는 초학문적 연구와 지식 생성 방식에 대해 다른 관점을 제공한다. 이러한 구분을 통해 초학문성이 단순히 학문 간의 경계를 넘어서는 것을 지나, 실제로 어떻게 다양한 지식과 방법론이 현실 세계의 복잡한 문제를 이해하고 해결하는 데 기여하는지에 대한 더 깊은 이해가 가능하다.

모드1은 교육심리학자인 Piaget가 제안한 초학문적 접근 방식으로,

단순히 학문 간의 관계를 넘어서는 것에 중점을 둔다. Piaget는 고차원적인 개념을 저차원적인 요소들의 집합으로 분석하려는 환원주의적 시도가 종종 실패로 끝난다고 지적하였다. 이는 간학문적인 경계를 넘어서는 것, 즉 초학문적 접근을 강조하는 것이다. 예를 들어, Piaget는 물리학이 비생물의 세계를 다루며 현상학적인 경계를 갖는다고 설명한다. 하지만 물리학이 진정으로 일반화되고 싶다면, 생물학과 심리학을 포함하는 더 넓은 영역까지도 고려해야 한다고 제시한다. 이는 학문의 전통적인 경계를 넘어서는 지식의 통합과 확장을 추구하는 초학문적 사고의 예를 보여 준다.

모드2에 따르면 우리가 경험하는 세계는 주관적인 현실과 객관적인 현실이 서로 중첩되면서 이 둘 사이를 연결하는 '숨겨진 세 번째 요소(Hidden Third)'가 있다는 가정을 한다(Nicolescu, 2006). 여기에서 주관적인 현실은 개인의 내부 세계에서 일어나는 모든 것을 말하며, 심리 · 사회 · 정치 · 역사와 같은 분야가 포함된다. 반면, 객관적인 현실은 우리 개인 바깥에서 일어나는 외부 세계의 사건을 의미하며 우주나 지구, 경제, 환경 등이 포함된다.

이 두 세계를 연결하는 '숨겨진 세 번째 요소'는 문화 · 예술 · 철학 · 윤리 · 종교 같은 영역으로, 이러한 분야들이 개인의 내부 세계와 외부 세계 사이를 매개하고 연결한다(McGregor & Gibbs, 2020). 이것은 초학문성이 단순히 학문적 지식의 통합을 넘어서, 서로 다른 영역의 이해관계자들이 협력하여 복잡한 문제나 현상을 이해하고 해결하는 과정을 의미한다(Nicolescu, 2012). 즉, 모드2는 문제 해결을 위해 여러 분야의 지식과 경험을 통합하고, 다양한 관점을 조화롭게 연결하는 초학문적 접근의 중요성을 강조한다.

그림 2-1 모드2 초학문의 영역에 대한 도식

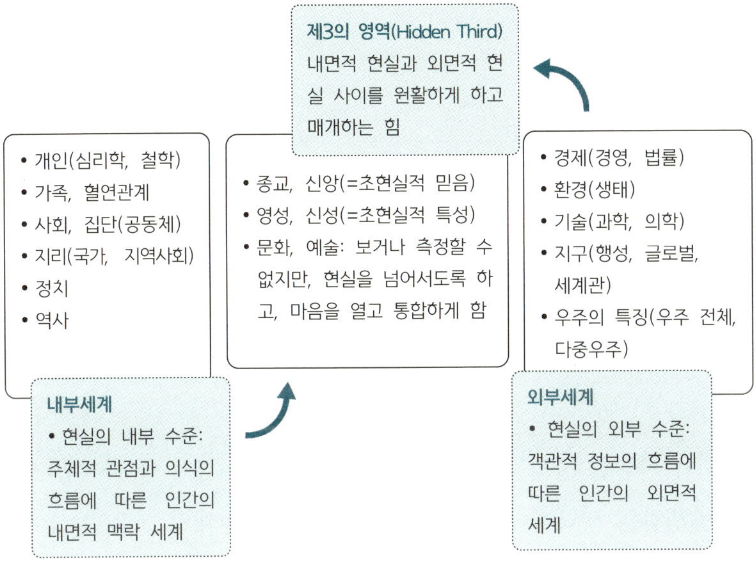

자료: McGregor & Gibbs, 2020

여기에서 다루는 초학문성에 대한 정의는 특정한 현실의 문제나 사례를 해결하고 탐구하기 위해 과학 및 사회과학과 더불어 비전문가 이해관계자들까지 포함하는 넓은 연합을 지향하는 학문으로 설명할 수 있다(Rigolot, 2020). 이는 환경이나 지속가능발전과 같은 초학문 영역이 이런 방식으로 접근되어야 한다는 것을 의미한다. 흥미로운 점은, 이 접근에서 전문가뿐만 아니라 일반 사람들도 문제 해결 과정에 참여할 수 있다는 것이다. 이는 과학적·사회과학적 지식뿐만 아니라, 다양한 관점과 경험을 통해 문제 해결 과정에 통합하려는 시도를 반영하는 것이다. 따라서 환경이나 지속가능발전을 포함한 많은 현대적 도전 과제는 이런 종류의 초학문적 접근을 통해 더 효과적으로 이해하고 대응할 수 있다.

02

복잡성 이론

지속 가능한 사회를 위한 교육은 사회, 환경, 경제 등 다양한 분야에서 발생하는 복잡한 문제들을 해결하기 위해 설계된 교육 방식이다. 이 교육 방식은 학생들이 다양한 학문을 넘나들며 문제를 바라보고, 이를 해결하는 데 필요한 창의적인 사고와 실천을 강조한다. 특히, 복잡성 이론은 사회적 이슈를 다원적인 관점에서 접근하고, 개인의 가치관 형성 및 사회적 참여를 촉진하는 데 중점을 둔다.

복잡성 이론은 이러한 교육 방식의 이해를 돕는 핵심 개념이다. 주로 '자기조직화(Self-Organization)', '창발(Emergence)', '프랙털(Fractal)'의 세 가지 주요 개념을 중심으로 설명된다.

먼저, '자기조직화'는 학습자들이 자신의 주변 환경과 공동체 그리고 사회와 깊이 있는 상호 작용을 하며, 자신의 삶을 탐구하고, 자신의 존재와 주변 세계와의 관계를 이해하는 과정을 의미한다. 이는 학생들이 주변 환경의 변화에 맞춰 스스로를 계속해서 변화시키고 적응해 나가는 능력을 개발하는 것으로 볼 수 있다. '창발'은 복잡한 시스템 내에서 개별 요소 간의 상호 작용을 통해 새로운 구조, 패턴, 속성이 나타나는 현상을 말한다. 학습 과정에서 이는 학습자들이 예상치 못한 새로운 발견이나 아이디어를 창출하는 과정으로 볼 수 있다. 이 과정은 예측할 수 없는 결과를 가져올 수도 있다. 학습자들은 이를 통해 새로운 성취감을 느끼고 지식의 확장을 경험할 수 있다. '프랙털' 구조는 축소하거나 확대해도 그 형태가 똑같이 반복되는 기하학적 패턴을 의미한다. 교육과정에서 이는 학습자들이 학습 과정에서 겪는 반복적이고 재귀적인 학습 활동을 통해 지식을 구성하고 확장해 나가는 과정을 나타낸다. 프랙털 구조는 학습자들이 이전 단계의 내용을 바탕으로 새로운 단계의 학습을 진행하면서 지식을 계속해서 확장해 나가는 모습과 유사하다 (Johnson, 2002).

지속 가능한 사회를 위한 미래 교육에서는 이러한 복잡성 이론의 개념들을 통해 학습자들이 복잡한 사회 문제를 해결하는 데 필요한 시스템사고를 개발하도록 돕는다. 학습자들은 이 과정에서 자신의 가치관을 성찰하고, 지속 가능한 삶을 위한 가치관 변화를 모색하며, 사회 참여와 실천을 통해 자신의 역할을 발견하고 자아를 회복하게 된다. 이러한 교육은 학습자들이 단순히 지식을 습득하는 것을 넘어, 복잡한 세계를 이해하고, 다양한 관점을 총체적으로 파악하며, 실제 세계의 변화를 만들어 나가는 데 기여할 수 있도록 준비시킨다.

복잡성 이론은 이렇게 학습자 중심의 교육과정을 개발하고 실행하는 데 있어서 중요한 이론적 토대를 제공한다. 학생들은 이 이론을 바탕으로 사회에서 발생하는 문제를 다각적으로 바라보고, 사회－환경－경제 간의 균형을 찾아가는 과정에서 필요한 지속 가능한 해결책을 모색하는 필요한 역량을 개발하게 된다.

03

문화적 접근

문화는 인간이 자연을 이해하고 해석하며 적응하기 위해 만들어 낸 가치관, 신념, 예술, 기술 등의 총체이다. 문화는 자연환경 특징에 따라 다양한 형태로 나타난다. 예를 들어, 농경 사회에서는 자연에 대한 감사와 숭배를 표현하는 문화가 발달하고, 사막 사회에서는 물을 아껴 쓰는 문화가 발달한다. 따뜻한 기후에서는 농경 문화가 발달하고 추운 기후에서는 사냥 채집 문화가 발달하는 경향이 있다. 지형에 따라 산악 지형에서는 방목 문화가 발달하고, 해안 지형에서는 어로 문화가 발달한다. 풍부한 자원을 가진 지역에서는 정치적이고 경제적인 중심지가 발달하는 것에서 알 수 있듯이 자연환경에 따라 독특한 문화가 만들어진다.

반대로 문화가 자연환경에 영향을 미치기도 한다. 농업은 토양, 물, 생태계에 영향을 주고 산업 활동은 대기 오염, 수질 오염, 토양 오염 등을 유발한다. 도시화는 동식물 서식지를 파괴하고 생물 다양성을 감소시킨다.

이처럼 인간과 자연은 상호 연관성을 가지고 있다. 인간은 자연의 일부이고, 자연환경에 영향을 받으며 또한 자연환경에 영향을 미친다. 인간은 자연의 자원을 이용하여 생존하고 발전해 왔지만, 동시에 자연환경을 파괴하고 오염시키기도 한다. 인간의 활동은 온실가스 배출로 지구 온난화를 가속화하고 극심한 기상 현상을 증가시켰으며 생물의 서식지 파괴, 오염, 과도한 어획 및 사냥으로 생물 다양성을 감소시켰다. 그 결과 자연환경도 인간에게 부정적인 영향을 주게 되었는데 홍수, 지진, 태풍, 가뭄 등의 자연재해는 인명 피해와 재산 피해를 주고 전염병, 환경오염으로 인한 질병 등이 증가하고 있다. 이러한 기후 변화와 자연재해는 식량 생산에 영향을 미친다. 인간과 자연의 부정적인 상호작용 결과를 나타내는 사례를 들면, 거대 석상으로 유명한 이스터섬 사람들은 자연환경을 파괴하여 결국 멸망에 이르렀고, 아마존 열대우림의 파괴는 지구 온난화와 생물 다양성 감소를 가속화하고 있다.

인간은 문화적 맥락에서 자랄 뿐만 아니라, 문화를 통해 자신의 정체성과 가치관을 형성한다. 언어, 예술, 종교 등은 문화의 중요한 구성요소이다. 인간의 행동은 문화에 따라 달라지는데, 문화는 행동 규범과 윤리 그리고 사회적 관계 등을 규정하며, 이는 인간의 일상생활과 사회적 상호 작용에 큰 영향을 미친다.

우리가 자연과 문화 그리고 인간 사이의 관계와 상호 연관성을 이해할 때, 지속가능발전을 추구하고 동시에 자연환경을 보전하는 것이 왜 중요한지 알 수 있다. 이러한 이해를 토대로 합리적이고 지속 가능한 방향으로 나아가기 위해서는 자연과 사회, 문화, 그리고 인간 사이의 균형을 찾는 것이 필요하다. 우리의 행동과 가치관이 이 균형을 중시하면, 지속가능발전과 자연환경의 보전을 동시에 실현할 수 있다.

문화와 자연

문화와 자연 간의 상호 작용은 매우 복잡하며, 지리·역사·환경·기술·인간의 가치관 등 다양한 요소들이 서로 영향을 주고받는다.

우선, 자연에 대한 지각과 신념의 관계로, 문화는 환경에 대한 인식과 태도를 형성한다. 특정 문화에서는 자연을 신성하게 여기고 존중하는 경향이 있을 수 있으며, 이는 환경 보전에 직결될 수 있다. 이들 문화는 모든 생명체가 서로 연결되어 있고, 인간은 자연의 일부일 뿐이라는 믿음을 가지고 있으며, 이들의 전통 의식에는 자연에 대한 감사와 존경의 마음이 담겨 있다. 예를 들면, 한국의 무속 문화는 자연과의 소통을 통해 행복과 건강을 추구한다. 무속에서는 자연 속 신령에게 기도하고 제사를 지내며, 자연과 조화로운 삶을 추구한다. 마을에는 느티나무와 같은 큰 나무가 있고 이 나무가 마을을 지켜준다고 믿었다. 힌두교도는 강에서 목욕하고 기도하며 강물을 마시는 것을 영적인 행위로 여긴다. 샤머니즘은 세계 곳곳의 토착 종교에서 발견되는 공통적인 요소이다. 샤먼은 자연과 영적인 세계를 연결하는 역할을 하며, 자연에서 영적인 힘을 얻는다. 한국인도 예전에 유명한 산을 찾아 기도하면 자식을 갖는다거나 하는 믿음이 있었다. 자연을 존중하는 문화와 종교는 지속가능발전을 위한 중요한 가치가 된다. 현대 사회에서 살아가는 사람들은 자연과 단절된 삶을 살아가는 경향이 있으며, 자연을 존중하는 문화적·종교적 가치는 현대 사회에서 정신적 풍요를 가져다주는 중요한 의미가 있다.

다음으로는 자원 이용과 문화적 적응 면을 생각해 볼 수 있다. 지역이나 문화에 따라 자연의 자원을 다른 방식으로 활용하는 문화적 전통이 존재한다. 이는 농업 기술, 어업 방법, 사냥과 채집 방식 등을 포함할 수 있다. 한옥은 자연 친화적 재료로 건축된다. 주요 재료는 흙, 나무, 돌이며 기와, 종이 등이 사용된다. 집을 남향으로 지어 햇빛을 최대한 활용하고 온돌을 이용해 겨울철 난방을 해결한다. 논농사를 많이 짓는 곳에서는 짚을 이용한 초가집을 짓고, 논농사를 짓지 않는 산촌에서는 주변의 나무 판재를 이용한 너와집을 짓는다. 중앙아시아에서는 최근까지도 흙을 이용한 집을 짓는데, 흙집은 여름 더위와 겨울 추위를 막는 데 효과적이다. 흙은 온도조절에 유용한 재료이면서, 주변에서 가장 쉽게 구할 수 있는 재료이기도 하다. 현대식 아파트를 지을 때도 단단하게 구운 흙벽돌로 벽을 쌓은 곳이 시멘트로만 지은 곳보다 값이 비싸다. 이처럼 자연환경과 문화적 전통, 기술 발전이 결합하는 경우 지속 가능한 자원 관리와 활용 방법이 발전할 수 있다.

또한, 자원 이용 방법에 따라 생계 방식도 달라진다. 기후, 토양 조건, 강수량 등은 농업 가능성을 결정하며 이는 그 지역의 농업 문화를 형성한다. 예를 들어, 건조 지역에서는 적은 강수량으로 농사를 짓는 방법이 발전한다. 인위적으로 자연조건을 조절하고자 할 때, 문제가 발생하기도 하는데, 우즈베키스탄은 대륙성 건조 지역으로, 물이 충분하지 않은 지역이다. 아랄해는 과거 세계에서 네 번째로 큰 호수였으나 현재는 면적이 1/10로 줄어들어 심각한 환경 문제에 마주해 있다. 그것은 소련 시대에 아랄해 유역에 대규모 목화 재배를 위한 관개 시스템을 구축하여 물을 끌어 썼기 때문이다. 목화 재배는 현재도 우즈베키스탄에서 중요한 산업이다. 아랄해 주변 주민들은 과거 어업을 중심으로 살아갔다. 어로 생활에서는 협력과 지역사회 간의 연대가 중요한 일상적 가치였다. 그러나 대규모 목화 재배로 아랄해가 말라버리면서 삶의 방식이 급격하게 변화하였다. 전통적인 자연과의 조화가 깨졌고 삶이 어려워져 지역사회의 협동과 연대가 약화되었으며, 개인의 생존과 경제적 이익을 위해 개별적으로 행동하는 경향이 강해졌다. 이 지역에 살던 고려인들은 주로 농사를 지었으나 아랄해가 말라 버린 후 도시에서 상업에 종사하게 되었다. 또한 결혼 문화가 바뀌어 예전에는 고려인끼리만 결혼하였지만, 현재는 다른 민족과 결혼하는 비율이 높아졌다(이채문, 2014). 자연의 변화가 산업뿐만 아니라 가치관도 바꾼 것이다.

도시화와 환경 변화는 현대 문화의 주요 현상이다. 도시화는 자연환경에 많은 영향을 미친다. 도시 문화의 확산은 도시 환경의 확장, 인공구조물의 증가, 자동차 이용 증가 등을 초래할 수 있다. 도시에서의 생활 방식은 자연과의 직접적인 연결을 줄일 수 있지만, 도시 생활이 문화적 다양성을 높이고 기술 혁신을 촉진할 수도 있다.

기술의 진보와 환경 변화에 대해 살펴보면, 현대 사회에서는 기술이 자연과의 상호 작용에 큰 영향을 미치고 있다. 에너지 생산, 폐기물 관리, 환경 모니터링 등에 기술이 활용되며, 이는 문화적 가치 및 생활 방식에도 영향을 미친다. 전기차 보급은 2023년 2천만 대를 넘었으며, 2030년까지 1억 대를 넘을 것으로 전망된다. 전기차는 탄소 배출량이 적어 대기 오염 개선에 기여하며, 특히 재생 에너지로 충전하는 경우 환경 영향을 더욱 줄일 수 있다. 전기차 산업은 자체 산업뿐만 아니라 배터리, 배터리 충전 인프라 등 관련 산업 성장을 가져오고 새로운 일자리도 창출한다. 인공 지능, 사물 인터넷, 빅데이터 등 첨단 기술과 결합하여 새로운 기술을 이끄는 역할을 할 뿐만 아니라, 전기차 사용자는 환경 보호에 대한 책임감과 긍정적 이미지를 갖고 있는 것으로 인식된다.

이러한 상호 작용은 복잡하며 지속적인 변화와 조정이 필요하다.

문화와 자연의 조화를 통해 지속가능발전과 환경 보전을 동시에 추구하는 것이 중요하다.

문화와 전통 · 토착지식

지속 가능한 문화와 전통 · 토착지식은 지역사회의 생태계 및 환경적, 사회적, 문화적 안정을 유지하고 개선하는 방향으로 발전하는 데 중요한 역할을 한다. 지속 가능한 문화와 전통 · 토착 지식은 서로 밀접하게 연결되어 있으며, 지역사회의 지속 가능한 발전을 위해 필수적인 요소이다. 지속 가능한 문화는 현재 세대의 필요를 충족하면서 미래 세대의 필요를 충족할 수 있는 능력을 유지하는 문화를 의미한다. 이는 문화적 다양성을 보호하고, 문화유산을 보존하며, 문화적 창의성을 촉진하는 것이다. 전통·토착 지식은 오랜 세월 동안 지역사회에서 축적되어 온 지식, 기술, 관습, 믿음, 가치 등을 의미한다. 이는 자연환경, 생태계, 사회 조직, 문화적 정체성에 대한 이해를 포함하며 지역사회의 지속 가능한 발전에 중심 역할을 한다.

전통 · 토착 지식은 자연환경과의 조화, 사회적 결속력 강화, 문화적 다양성 보호와 같은 방식으로 지속 가능한 문화를 뒷받침한다. 전통 · 토착 지식은 자연환경과 생태계에 대한 깊은 이해를 바탕으로 지속 가능한 자원 관리 방법을 제공하며, 자연과 조화로운 삶을 가능하게 한다. 예를 들어, 토착민들은 오랜 세월 동안 자연환경을 관찰하고 이해하며, 지속 가능한 방식으로 자원을 채취하고 관리하는 방법을 개발해 왔다. 사회적 결속력 강화 측면에서 전통 · 토착 지식은 사회 구성원들에게 공통된 가치관과 정체성을 제공하며, 사회적 결속력을 강화하는 역할을 한다. 또한, 전통 의례와 관습은 사회 구성원들이 서로 협력하고 공동체 의식을 함양하는 데 도움을 준다. 한국의 설날과 중앙아시아의 나브로즈는 새해의 시작을 알리는 풍습으로, 특별한 음식을 만들고 가족과 친척이 함께 모여 인사를 나누고 즐거운 시간을 보낸다. 변화가 빠른 사회와 시대이지만, 이러한 의식을 통해 전통을 보전하고 공동체 의식을 유지한다. 전통·토착 지식은 각 지역사회의 고유한 문화를 보존하고, 문화적 다양성을 유지하는 데 중요한 역할을 한다. 전통 음악, 춤, 예술, 언어 등은 지역사회의 정체성을 형성하고 미래 세대에게 문화유산을 전달하는 데 중심 역할을 한다.

마찬가지로 지속 가능한 문화는 전통·토착 지식을 보호한다. 전통·토착 지식의 가치를 인식하고, 이를 보호하고 활용해야 한다는 인식을 확산시키며, 교육과정에 전통·토착 지식 관련 내용을 포함하여 대중에게 전통·토착 지식에 대한 정보를 제공하며, 지식에 대한 이해를 높인다. 현대 사회의 문제 해결에 전통·토착 지식을 활용할 수 있는 방법을 모색하고 전통·토착 지식이 현대 사회에 도움이 될 수 있도록 지원한다.

지속 가능한 문화와 전통·토착 지식은 서로 밀접하게 연결되어 있으며, 현대 사회의 지속 가능한 발전을 위해 필수적인 요소이다. 지속 가능한 문화를 이루기 위해서는 전통·토착 지식을 보존하고 활용해야 하며, 이를 보존하기 위해서는 지속 가능한 문화를 만들어야 한다. 현대 사회의 특징인 디지털 기술을 이용하는 것이 하나의 예가 될 수 있다 (Burri, 2010). 이와 관련하여 호주 원주민들은 오랜 세월 동안 바다를 관리하고 보호해 온 전통·토착 지식인 바다의 조류, 해양 생물, 날씨 패턴 등을 현대 디지털 기술과 결합하여 바다 관리를 더욱 효과적으로 하고 있다. 인도에서는 천연 재료를 사용하여 질병을 치료하고 예방하는 전통 의학 시스템인 아유르베다 허브 데이터베이스를 구축하고, 아유르베다 진단 앱을 개발하며, 온라인 아유르베다 상담 서비스를 제공하고 있다. 전통·토착 지식과 디지털 기술의 결합은 다양한 분야에서 새로운 가능성을 열어 주고 있다. 이러한 결합은 환경 보호, 사회 문제 해결, 문화적 다양성 보존 등 다양한 목적으로 활용될 수 있다.

전통·토착 지식은 오랜 시간 동안 특정 지역에 거주해 온 토착민들이 대대로 세대를 거쳐 전해져 온 지식과 경험의 집합체이다. 이는 역사, 예술, 농업, 과학, 환경 등 다양한 분야에서 나타난다. 이러한 지식은 특정 지역의 문화와 정체성을 형성하며, 지속 가능한 발전과 자연환경 보전에 큰 역할을 한다. 전통·토착 지식은 단순한 사실이나 정보의 나열이 아니라 그 지식을 바탕으로 한 가치관, 신념, 윤리, 세계관까지 포괄하는 개념이다. 생태주의는 자연과 인간 그리고 사회의 조화로운 관계를 강조하는 이론으로, 지속 가능한 생활을 위해 지역의 생태계를 존중하고 보전하는 데 중점을 둔다. 지역의 환경교육은 지속 가능한 가치관과 행동을 촉구하는 데 도움을 주며 지역 문화와 결합하여 지역 주민들이 자신의 문화와 환경에 대한 책임을 느끼게 된다. 지역적 특성과 환경의 이해가 교육과정에 녹아들면서 보다 현장 중심적이고 체험적인 교육이 가능해진다.

한국은 전통적인 농업 국가였고 농사와 관련된 지식이 발달해 있다. 농업 유산은 자연을 도구화하지 않으면서 생태계와 합일을 이루려는 인간의 의지와 생명의 가치를 보전하는 소중한 자원이다. 농사는 물 조절이 매우 중요한 일이다. 산과 계곡, 개천이 많은 곳에서 사는 한국인들은 오래전부터 제방을 쌓고 물을 끌어들이는 인수 장치, 물을 조절하는 무넘기 장치, 물을 담아두거나 흐르게 하는 보나 둑과 같은 다양한 기술과 방법으로 지형에 알맞게 물을 조절하는 지식을 쌓아 왔다(김재호, 2023). 습지, 사막, 열대, 산악 등 어려운 조건을 극복해 온 농업 유산에는 교훈과 지혜를 담은 전통·토착 지식을 많이 볼 수 있다. 저지대에 있는 인도 쿠타나드 해저면 농업, 방글라데시 수상 농원은 해수면 상승과 강물의 범람에 대응할 수 있는 농사 방법이다. 멕시코 치남파는 물 위의 채소밭으로, 지속 가능한 농사법이다. 알제리의 고우트 농업은 사막화에 대한 경험지식이며, 물 빠짐이 심한 한국 고성 해안 지역 관개 시설이나 물이 고이는 곳마다 못을 조성하여 빗물을 모았던 의성 전통 수리농업은 건조한 기후에 알맞은 경험지식이다. 이러한 전통 수리 관개 시설은 현대 농업에서도 가뭄과 같은 기상이변에 효과적으로 대처할 수 있게 해 준다(정명철, 2021).

약 5,000년 전부터 시작된 한국 전통 의학인 한의학은 음양오행의 조화에 중점을 두며 침술, 한약, 약침 등의 치료법을 사용한다. 두통, 위장 장애, 부인병, 골절 등 다양한 질병을 치료하고 있다. 또한 암, 당뇨병 등 만성 질환을 관리하며 건강 증진 및 면역력 강화에 효과가 있다. 한의학은 서양 의학이 주류인 가운데서도 여전히 신뢰를 얻고 있다. 인도의 아유르베다 의학은 균형과 조화에 중점을 두며 식이요법, 요가, 명상, 허브 치료 등의 치료법을 사용한다. 아마존 원주민은 자연의 영적인 힘을 이용하여 치료한다. 약초, 동물 추출물, 의식 등의 치료법을 사용하며 영적인 치유와 균형 회복에 강조점을 두고 있다. 보통 의학이라고 하면 서양식 현대 의학을 의미하지만, 전통 의학 역시 활발히 활용되고 있다. 전통 의학은 단순히 질병 예방과 치료에만 의미가 있는 것은 아니다. 의학을 비롯한 전통·토착 지식은 문화와 삶 그리고 경험과 지혜가 총체적으로 어우러진 것으로, 구성원들의 세계관과도 연결되어 있다. 한의학의 기본 원리인 음양오행설은 동양 철학의 기본 이론으로, 자연 현상과 생활사의 변화를 해석하는 방법이다(김경희, 2015).

전통 의학 또는 보완, 대체 의학은 세계 보건 기구(WHO)가 보편적 건강 보장에 중요하게 포함하며 글로벌 의료에서 점점 더 중요한 역할을 하고 있다. 현대 의학은 과학적 근거를 바탕으로 효과적인 치료를 제공하지만, 부작용이나 환경오염 등의 문제도 존재한다. 반면에 전통 의학은 자연적인 치료법을 제공하며 예방 의학을 강조하지만, 과학적 근거나 전문가 부족 등이 문제가 될 수 있다. 따라서 전통 의학과 현대 의학은 대립적인 개념이 아니라 상호 보완적인 관계이다.

문화는 자연환경의 영향을 받는다. 지리적, 기후적, 자원적 조건과 같은 자연환경의 특성에 따라 다양한 형태로 나타날 수 있다. 한국은 산이 많은 지역으로, 국토의 70%가량이 산지이며 삼면이 바다로 둘러싸여 있다. 사방이 산으로 둘러싸여 있으며, 지평선을 보기가 어렵다. 하늘은 늘 맑은 모습을 보여 주지 않는다. 특히 여름에는 비가 자주 오고 구름 낀 날이 많으며 날씨 변화가 일정하지 않다. 하늘을 올려다보면 하늘 역시 산이나 나무로 둘러싸여 있다.

중앙아시아의 하늘은 한국과 다르다. 높은 산으로 둘러싸여 있지도 않고, 비가 오거나 구름 낀 날이 많지 않다. 하늘은 광대하고 밤에 별은 밝게 빛나며 모든 별은 규칙적으로 움직인다. 한국의 속담 중, 별에 대한 속담은 식물이나 동물에 대한 속담에 비해 그 수가 적다. 사람을 둘러싸고 있는 물, 바람, 여러 가지 식물에 대한 속담이 훨씬 많다. 반면 중앙아시아 지역의 속담 중에는 별과 별자리에 대한 속담이 한국보다 훨씬 많다. 날씨 변화가 두드러지지 않기 때문에, 농사와 계절 변화를 별자리로 예측한다. 한국의 속담 중 별이 등장하는 속담이라면 '하늘의 별 따기', '푸른 하늘에 별 박히듯'과 같은 비유적인 서술이 대부분이다. 중앙아시아 우즈베크 민족의 속담은 상당히 구체적이다. '사자자리에서 목화를 만든다', '쌍둥이자리에는 비보다 뱀이 오는 것이 낫다'와 같이 별자리의 위치를 통해 농사일 시기를 관련지은 속담이 많이 보인다. 바다가 둘러싸고 있는 한국 속담, '고래 싸움에 새우 등 터진다'는 우즈베크 문화에서는 '낙타 싸움에 파리가 죽는다'로 나타난다. 한국 속담에는 호박, 배, 깨와 같은 구체적인 식물 이름이 많이 등장하지만 우즈베크 속담에는 '꽃', '정원'과 같은 대표 명사가 주로 나타나며 낙타, 말, 당나귀, 양과 같은 가축에 대한 속담이 상대적으로 많다.

이러한 전통·토착 지식은 자연환경과 문화에 따라 지역의 삶에 알맞은 독특한 모습으로 형성된다. 지역의 자연환경은 그 지역의 생활방식, 예술, 의식, 그리고 문화적 가치관에 큰 영향을 미친다. 이는 지역의 독특한 정체성과 특성을 형성하는 데에 중요한 역할을 한다.

자연환경과 문화에 따라 세상에 대한 인식이 달라진다. 기독교와 이슬람교의 영향이 큰 문화권에서는 인간과 자연을 위계적으로 파악한다. 인간은 신을 닮았으며 신의 대리자로서 자연을 관리할 책임이 있다. 자연은 신이 창조한 것이고 자원이라는 의미가 있다. 반면 동아시아는 자연을 완벽한 것으로 본다. 인간은 자연의 일부이고, 자연의 섭리에 따라야 한다. 서양이나 이슬람 문화에서 정원의 모양은 기하학적이고 인공적이다. 반면 동아시아 국가들의 정원은 자연스러움을 추구한다. 중국의 정원은 자연을 그대로 옮겨놓은 것 같은 모습이며, 이상적 경관을 나타내고자 하는 자연과 인공의 조화로움이 돋보인다. 일본은 한국보다 숲이 깊은 데다, 변화가 많은 자연이기 때문에 자연을 축소하여 정원을 꾸민다. 반면 한국은 자연을 흉내 내거나 가져오기보다는 자연으로 들어가기를 택하였다. 한국·중국·일본 모두 자연스러움을 추구하지만, 나타나는 형식은 자연환경과 문화에 따라 달라진다. 옛날 한국인은 세상이 하늘과 땅이 갈라지며 만들어진다고 생각하였으나, 섬나라인 일본은 하늘과 물이 분리되고 나서 땅이 생긴다고 믿었다. 보통 한국·중국·일본 세 나라는 비슷한 문화권이라고 말하지만, 자연환경에 따라 독특한 문화와 세상과 자연 현상을 설명하는 전통적 지식을 만들었으며, 세상을 보는 관점도 차이를 가져왔다.

전통·토착 지식은 단순히 과거로부터 물려받은 정보의 집합체일 뿐만 아니라 그 속에 담긴 문화적 가치와 정체성을 보존하는 중요한 역할을 한다. 전통·토착 지식에 대한 존중과 보존은 다양한 문화가 공존하는 세상을 만드는 데 기여한다. 자연환경과 조화로운 삶을 위한 지혜를 담고 있는 토착 지식은 오랜 경험과 관찰을 통해 자연환경을 보호하고 지속 가능한 방식으로 자원을 활용하는 방법을 개발하였다(Gadgil et al., 1993).

전통·토착 지식을 활용하면 현대 사회가 직면한 환경 문제 해결과 지속 가능한 발전에 중요한 자원이 될 수 있다. 또한 토착 공동체의 정체성과 자긍심을 유지하는 데도 중요한 역할을 한다. 전통·토착 지식 존중과 보존은 토착 공동체의 인권 보호와 문화적 권리 보장에도 기여하는 것이다. 과거의 잘못을 반성하고 윤리적 책임을 다하는 것이라고 할 수 있다.

문화 구성원과 역할

지역 문화를 구성하는 그룹은 다양하며, 지역마다 특별한 특징을 가지고 있다. 이들은 지리적 공동체 내에서 저마다의 독특한 문화적 특징을 공유하거나 새롭게 형성하는 사람들의 그룹을 의미한다. 이러한 그룹은 지역적으로 서로 가까이 살고 있거나, 특정 공동체에 소속된 사람들로 구성되고, 공통의 언어·관습·전통·예술·음식·종교·역사 등을 공유하며, 그 지역의 독자적인 문화를 형성한다. 지역 문화를 구성하는 그룹은 다양한 형태로 나타날 수 있는데, 여기에는 지역 주민, 민족·문화 공동체, 지역 예술가 및 예술 단체, 역사적 및 전통적 단체, 체육 및 레저 그룹, 지역 문화 교육 단체, 종교 공동체 등이 있다.

지역 주민은 특정 지역에 거주하는 사람들로 그 지역의 문화를 형성하는 주체이다. 그들의 언어, 의상, 음식, 생활 습관 등은 지역 문화에 큰 영향을 미친다. 민족·문화 공동체는 특정 민족이나 문화 공동체가 집중적으로 살고 있는 지역의 경우, 그들이 형성하는 고유한 문화가 해당 지역에 특색을 부여한다. 먼저, 지역 예술가 및 예술 단체는 지역의 미술·음악·연극·춤 등을 통해 문화를 풍부하게 만들고, 그들의 작품은 지역의 정체성과 특징을 반영할 수 있다. 그리고, 전통적 단체들은 특정 지역의 역사와 전통을 보존하고, 전파하는 단체로 지역의 고유한 특성을 유지하며, 이를 후세에 전승하는 데 큰 역할을 한다. 스포츠 및 레저 그룹들은 지역에서 활동하는 스포츠팀이나 레저 그룹으로 각종 사회적 상호 작용과 활동을 통해 지역 커뮤니티를 형성한다. 지역 문화 교육 단체들은 지역 문화 관련 교육을 통해 다른 지역 문화 구성원이나 다음 세대로 지역 문화를 확산시키며, 교육과 관련된 활동을 통해 지역 문화를 더욱 발전시키거나 새롭게 형성하며 살아갈 수 있다. 마지막으로, 지역 종교 공동체를 중심으로 한 종교는 지역 문화의 중요한 부분을 이루며, 특정 종교 신자들은 예배·의례·축제 등을 통해 지역 문화를 형성하고 유지한다.

그 외에도 해당 지역의 특별한 날을 기념하거나 중요한 사건을 기리기 위해 열리는 축제나 행사는 지역 문화를 강화하는 중요한 역할을 한다. 이렇게 다양한 그룹들이 상호 작용하며 결합하여 특정 지역의 독특한 문화를 형성하게 된다. 지역 문화를 형성하는 그룹들은 지역의 정체성을 강화하고 사회적 연대감을 형성하는 역할을 한다. 다양성과 독특성을 지닌 다양한 그룹들이 상호 작용하고 협력함으로써 지역 문화는 발전하며, 이러한 상호 작용은 지역사회가 고유한 특성을 갖도록 하는 중요한 요소가 된다.

지역 문화와 소통

지역 문화 공동체 내에서 소통은 그 자체로 중요하며, 다양한 수단과 방법을 포함한다. 소통을 통해 집단 구성원들은 상호 작용하고 정보를 교환함으로써 지역 문화를 강화하고 유지한다. 지역 문화 공동체 내에서 소통은 지역 언어를 기반으로 모임이나 회의, 문화적 행사와 축제, 지역 매체와 출판물, 전통적인 의례와 행사, 교육 활동, 사회적 네트워킹 등을 통해 다양한 방식으로 이루어진다. 이렇게 다양한 소통 수단과 방법으로 지역 문화 공동체는 구성원들 간의 유대감을 증진하며 지역사회의 결속을 더욱 강화하게 된다. 이러한 지역사회의 유대감과 결속력을 키우기 위해서는 다음과 같은 방법을 고려할 수 있다.

첫째, 언어가 결속의 도구가 될 수 있다. 공동체 내에서 사용되는 언어는 소통을 위해 중요한 도구이다. 특정 지역이나 문화에서 흔히 사용되는 언어를 통해 공동체 구성원들은 정보를 교환하고 사회적 상호 작용을 하게 된다.

둘째, 모임과 회의가 결속의 도구가 된다. 지역 문화 공동체는 구성원들끼리 소통하고 정보를 교환하기 위해 정기적으로 모임이나 회의를 개최하기도 한다. 이는 지역사회와 공동체를 위해 중요한 결정 사항을 공유하고 의견을 나누는 기회를 제공한다.

셋째, 문화적 행사와 축제가 유대감과 결속력을 증가시킨다. 문화적 행사와 축제는 지역 문화 공동체에서 구성원들이 모여 소통하는 좋은 기회를 제공한다. 이러한 이벤트를 통해 음악, 무용, 미술 등의 예술 활동을 바탕으로 서로의 감정과 경험을 나누며 소통의 시간을 보낸다.

넷째, 지역 매체와 출판물이 결속의 도구가 된다. 공동체 구성원들은 지역 신문, 라디오, 지역 특화 매체 등을 통해 지역의 소식과 이슈를 공유하고 정보를 얻는다. 지역 문화에 특화된 이러한 매체는 지역민들의 생활과 관심의 변화에 유연하게 대처할 수 있으며, 이를 통해 그들 간의 소통을 도모한다.

다섯째, 전통적인 의례와 행사가 결속의 역할을 할 수 있다. 전통적인 의례와 행사는 지역 문화의 보존과 확산에 중요한 역할을 하며, 이들 행사는 구성원들 간의 소통과 상호 작용을 촉진한다.

여섯째, 지역 문화에 대한 교육 활동이 결속력을 증가시킨다. 워크숍이나 강연 등의 다양한 교육 프로그램을 통해 남녀노소 모든 공동체 구성원은 지역 문화와 관련된 특정 지식을 배우고 새로운 지역 문화를 형성하는 경험을 할 수 있다.

마지막으로 사회적 네트워킹을 통해 유대감과 결속력을 다질 수 있다. 최근에는 자신의 관심사에 따라 소셜 미디어와 같은 플랫폼이나 동호회 활동을 통해 공동체 구성원들이 서로 소통하는 경우를 많이 볼 수 있다. 특히 블로그, 온라인 채팅, SNS와 같은 소셜 미디어 수단을 활용한 소통은 다양한 주제에 대한 의견이나 소식을 쉽게 공유할 수 있도록 한다.

인간의 역할과 책임

자연과 문화를 보전하고 지키기 위한 인간의 역할과 책임은 중요하며, 지속 가능한 미래를 위해 적극적으로 참여해야 한다. 지속 가능한 미래를 만드는 데 어떤 역할과 책임을 실천해야 하는지 생각해 본다.

첫째, 전 생애에 걸쳐 환경 문제와 지속가능발전에 관한 인식 확산이 무엇보다 중요하다 할 것이다. 환경 문제 및 문화 보전에 대한 인식을 높이기 위한 교육을 진행하고 확산한다. 지속 가능한 삶에 대한 인식을 확산하고, 환경 보전 및 문화적 가치에 대한 이해를 증진하는 활동이 필요하다.

둘째, 지속 가능한 생활 방식을 채택하고 실천하는 것이다. 지속 가능한 소비 및 생활 방식을 선택함으로써 자연과 문화를 보호할 수 있다. 에너지 절약, 재활용, 지역 식품 소비 등의 실천을 통해 자원 소비를 최소화하고 친환경적인 삶을 실현할 수 있다. 지속 가능한 방식으로 비즈니스와 경제 활동을 지원함으로써 환경과 문화를 존중할 수 있다. 친환경 기술의 개발과 사용, 지속 가능한 농업 및 양식 방법의 채택은 이러한 노력의 일환이다. 소비자로서 인간은 지속 가능한 제품과 서비스를 선호하고 선택함으로써 지속 가능한 미래를 지원할 수 있다. 공정무역 제품, 환경친화적 제품의 선택은 이러한 노력의 일부이다. 여행자로서도 인간은 현지 문화와 환경을 존중하는 태도를 가지고 지속 가능한 여행을 실천할 수 있다. 현지 문화에 대한 예의와 환경에 대한 책임감을 느끼며 여행한다.

셋째, 지역사회 및 문화 보전 측면을 고려해야 한다. 지역사회의 발전과 보전을 돕기 위해 인간은 현지 문화와 생태계를 지원해야 한다. 지역 문화 유산의 보전, 지역 농업과 공예 지원 등이 여기에 속한다.

넷째, 법률 및 정책, 환경 활동 참여이다. 환경 및 문화 보전을 위한 법률 및 정책 제정과 실행 등 환경, 사회, 지배 구조(Environmental, Social, Governance: ESG) 지표 달성에 적극적으로 참여한다. 정부, 비정부 기구, 지역 단체 등을 통해 지속가능발전목표(Sustainable Development Goals: SDGs) 달성을 위한 정책에 영향을 미치는 것이 중요하다. 환경 및 문화 보전을 위한 단체 및 프로젝트에 참여하고 지원하는 것이 필요한데, 이러한 단체들은 지속가능발전, 환경 보호, 문화적 다양성 보전과 같은 목표를 달성하는 데 도움이 되기 때문이다.

이러한 역할과 책임들을 통해 인간은 자연과 문화를 보호하고 미래 세대에 지속 가능한 환경을 제공해 줄 수 있다.

지속 가능한 삶을 위한 환경과 문화

현대 사회는 빠르게 발전하면서 자원 소비와 환경 파괴로 인한 문제들이 더욱 심각해지고 있다. 이에 따라 지속 가능한 삶을 위해서는 자연과 인간 사회 간의 균형을 유지하며, 자원을 효과적으로 관리하고 보존하는 것이 중요한 과제로 떠오르고 있다. 도시 계획, 에너지 사용, 농업과 식품, 지역사회 경제 등 모든 면에서 지속 가능한 삶을 위한 환경과 문화를 만들어야 한다.

이와 관련하여 지속 가능한 도시 계획을 적극적으로 추진하는 도시로 덴마크 코펜하겐이 꼽힌다. 자전거 친화적인 도시 구조, 대중교통 시스템 강화, 녹지 공간 보전 및 확장 등의 정책을 통해 환경친화적인 도시를 구축하고 있다(안승현, 2023). 또한, 아이슬란드는 지열 에너지를 적극적으로 활용한다. 이는 화석 연료에 대한 의존을 줄이는 데 기여한다. 처음에는 세탁이나 목욕 같은 용도로 사용되었으나 현재 아이슬란드 전체 주택의 90% 이상이 지열 에너지로 난방하고 있으며 전기를 생산하는 데에도 사용된다(이도운, 2009).

이탈리아의 오르비에토는 인간 사회의 진정한 발전과 지속 가능한 미래를 위한 두 가지, 즉 자연과 전통문화를 잘 보호하면서도 경제도 살려 따뜻하고 행복한 세상을 만들자는 목적으로 Slow Food 운동을 펼치고 있다(김민주, 2010). 지속 가능한 농업과 식품 생산을 촉진하고 지역적이고 전통적인 식재료를 중시하며, 생태계 보전과 지속 가능한 농업의 중요성을 강조한다. 방글라데시의 마이크로크레딧 운동은 지역사회 참여와 지속 가능한 개발을 위한 모델 중 하나로, 소액의 금융 지원을 통해 지역사회의 경제 자립을 촉진하고 있다(임은의, 2006).

이러한 사례들은 지속 가능한 환경과 문화를 위한 다양한 노력을 보여 주고 있다. 이러한 노력은 지구 전체로 지속 가능한 발전을 위한 모범 사례로 삼을 수 있으며, 미래 세대에까지 지속 가능한 삶을 지원하는 데 큰 역할을 한다.

문화적 다양성과 생물 다양성

문화적 다양성과 생물 다양성은 서로 깊게 연관되어 있다. 이 두 가지 다양성은 지구상의 인간을 포함한 모든 생명체 각각의 생태계와 지역적 환경에서 상호 작용하며 발전한다. 각 문화는 독특한 지식, 신념, 전통, 언어 등을 갖고 있다. 이러한 문화적 특성은 지역의 생태계와 밀접한 관련이 있으며 각 문화의 고유한 음식, 식습관, 조리법을 갖고 있다. 이러한 문화적 식습관은 지역에서 이용할 수 있는 자원과 밀접한 관련이 있다. 지식과 지역적 적응은 특정 지역의 생태계와 동물, 식물들이 적절하게 적응하고 살아남는 데 도움이 된다. 문화적 다양성은 특정 지역의 자원 활용 및 보전 방법에 영향을 미친다. 문화마다 자연환경을 평가하고 중요하게 여기는 방식이 다르며, 자연환경에 대한 문화적 가치와 신념은 생태계 서비스를 평가하고 관리하는 데 영향을 미친다. 문화와 생물 다양성의 상호 관련성은 문화와 생물 간에 서로 의존적인 관계를 나타내며, 적절한 관리와 보전을 통해, 문화적 다양성과 생물 다양성은 지구상의 지속 가능한 생태계를 지원하고 보호하는 데 기여할 수 있다.

아마존 우림과 인디오 문화를 살펴보면, 아마존 우림 지역에는 다양한 인디오 부족이 살고 있다. 이들 부족은 독특한 언어, 의식, 예술, 음악, 의료 시스템 등을 갖추고 있다. 각 부족은 자신만의 식생활, 농업 방법, 전통적인 지식을 가지고 있다. 아와족은 뱀의 독이나 개미의 물을 사용하여 상처를 치료하며, 피라하족은 낚시와 사냥을 하며 과일·견과류·꿀을 채집한다. 야노마미족은 농사를 짓고 사냥과 채집을 통해 식량을 얻는데, 숲 일부를 불태운 후 그 자리에 옥수수·바나나·콩 등을 재배한다. 카야포족은 숲을 벌채하지 않고 나무 사이사이에 농작물을 심는 방식을 사용한다. 이들 원주민은 아마존 숲을 변형시키지 않고 5천 년 동안 살아왔다. 현재 숲의 대부분을 차지하고 있는 나무 종들이 선사시대 토착민들에 의해 심어졌으며, 그들은 지속 가능한 방식으로

열대우림과 함께 생존하였다.

이들 원주민의 생활 방식과 문화는 문화적 다양성과 생물 다양성이 서로 깊게 연관되어 있음을 보여 준다. 특정 지역의 문화적 전통은 지역의 생태계 및 생물 다양성에 영향을 미치며, 지식과 지혜를 통해 지속 가능한 상호 작용과 보전을 위한 노력을 촉진할 수 있다. 아마존 우림은 지구상에서 생물 다양성이 풍부한 지역 중 하나이다. 이 지역에는 수많은 종의 동물과 식물이 서식하고 있으며, 우림은 기후 균형을 유지하는 역할을 한다. 이 지역의 나무들은 이산화탄소를 흡수하고 산소를 방출하여 지구의 대기 중 가스 농도를 적절하게 유지한다. 아마존 우림은 지구상에서 중요한 산소 생산지 중 하나이며, 이 지역의 강들은 수많은 사람에게 물과 식량을 제공한다. 생태계 보전은 지구의 생명을 지탱하고 지속 가능한 방향으로 운영되는 데 필수이다. 생태계의 파괴는 기후 변화, 자연재해, 생물 다양성 감소 등과 같은 심각한 문제를 초래한다.

인도는 문화 다양성이 풍부한 곳이다. 인도는 각각의 언어를 사용하는 다양한 인구 집단이 공존하는 지역이다. 각 지역 및 부족은 고유한 언어와 문화를 보유하고 있다. 각 지역의 문화는 고유한 의례, 전통, 예술 형태를 가지고 있다. 이는 지역 주민들의 정체성을 형성하는 데 중요한 역할을 한다. 인도는 121개의 주요 언어와 2,000개 이상의 방언이 공존하는 다양한 언어 환경을 가지고 있다(신진영, 2019). 다양한 언어가 공존하는 인도의 문화는 한 가지 언어만 쓰는 사람들과 차원을 달리한다고 볼 수 있다. 언어는 단순히 의사소통 도구를 넘어 언어마다 고유한 문화, 역사, 사고방식을 담고 있기 때문이다. 문화 다양성은 인간 사회의 풍요로움과 상호 이해를 증진한다. 다양한 문화 간의 상호 작용은 혁신과 창조성을 촉진하며, 세계적으로 다양한 시각과 경험을 가진 사람들 사이를 연결할 수 있게 한다. 생태계 보전과 문화 다양성은 지구상에서 지속 가능한 삶을 유지하고 다양한 인류 문화를 존중하며 보존하는 데 서로 연결되어 있다.

문화, 자연, 인간의 조화를 실현하기 위해 유용한 전략은 다양한 분야에서 나타날 수 있다. 예를 들어, 싱가포르는 도시 계획에서 녹지 공간을 중요시하고 있다. 도시 전역에 흩어진 공원, 식물이 가득한 건물, 수목원 등이 있어 도시 전체가 자연과 어우러져 있는 느낌을 주고 도시 거주자들에게 휴식과 쾌적한 환경을 제공하고 있다. 덴마크는 풍력 발전에 큰 투자를 하여 지속 가능한 에너지를 얻고 있다. 이를 통해 온실가스 배출을 감소시키고 동시에 대기 오염을 최소화하며, 자연과 조화를 이루는 에너지 이용 방식을 채택하고 있다. 뉴질랜드는 지역 문화와 자연을 소개하는 관광 프로그램을 통해 지속 가능한 여행을 장려하고 있다. 지역 주민들이 직접 참여하고 문화를 나누며, 동시에 자연환경을 보호하는 방안을 채택하고 있다. 스웨덴은 공유 경제와 재활용을 촉진하여 소비자들이 지속 가능한 생활 방식을 채택할 수 있도록 지원하고 있다. 재사용 가능 제품의 재활용 및 나눔은 자원 소비를 줄이고 환경에 미치는 영향을 최소화한다.

이러한 긍정적인 방안들은 자연과 문화를 존중하며 인간의 삶을 지속 가능하게 만들기 위한 실질적인 노력을 나타내는 사례이다. 이러한 방향으로 나아가면 문화, 자연, 인간 간의 조화를 실현하는 데 일조할 수 있다.

지속 가능한 미래를 위한 교육과 문화

교육과 문화의 결합은 지속 가능한 미래를 실현하기 위해 매우 중요하다. 이러한 교육은 교육 현장에서 지역 문화의 특수성과 다양성을 존중하며 사회 책임과 환경 영향을 고려하는 학습 경험을 강조한다. 또한 학생들에게 지속 가능한 미래에 관한 가치와 문화에 대한 이해를 바탕으로 민주 시민으로 성장할 기회를 제공한다.

문화적 특수성과 다양성 측면에서 미래 교육은 다양한 문화적 배경을 가진 학생들 간의 이해와 존중이 강조된다. 이를 바탕으로 학생들은 자신과 다른 문화에 대한 이해를 증진하고 글로벌 시민으로서의 소임을 다할 수 있도록 그 역량을 개발해야 한다.

지속 가능성에 대한 가치와 윤리적 교육 측면에서 학생들이 환경적·사회적·경제적 측면에서의 지속 가능성에 대한 가치를 이해하고, 사회적 책임감과 윤리적인 의사 결정을 주도적으로 할 수 있는 교육이 중요하다. 이를 통해 학생들이 미래 사회의 지속 가능한 리더로서 역할을 할 수 있다.

실천 중심 교육 측면에서 학생들은 단순히 이론적인 지식뿐만 아니라 현실 세계에서의 문제 해결 및 지속 가능한 실천을 위한 기술과 능력을 경험할 수 있어야 한다. 이를 위해 프로젝트 기반 학습, 서비스 러닝, 현장 학습, 사회 참여 등의 실천 중심 교육 방법이 적절히 활용되어야 한다.

통합된 내용과 방법 측면에서 지역 문화와 지속 가능성을 결합한 교육에서는 지금까지 분과주의 형태로 교과가 운영되었던 방식을 그대로 적용하는 것은 효과적이지 않으며, 자연환경과 더불어 역사·언어·예술 등의 다양한 교과를 통합한 교육 내용과 방법이 활용되어야 한다.

이는 학생들에게 지속 가능성에 대한 개념과 가치를 문화적인 측면에서 통합적으로 가르치고 이해시키는 데 유용한 접근이다.

협력과 소통을 지원하는 다문화적 환경에서 학교와 교실 환경은 문화적 다양성을 포용하는 형태로 운영되어야 한다. 이러한 학습 환경은 학생들에게 다양한 문화적 배경을 가진 또래 학습자들과 지속 가능성에 대한 문제를 논의하기 위해 협력하고 소통하는 기회를 줄 수 있다.

지속 가능한 교육 환경을 조성하기 위해, 학교는 학생들이 지속 가능성 가치를 친숙하게 느낄 수 있도록 환경친화적인 시설, 분리배출 및 재활용 프로그램, 지속 가능한 식단 등을 운영할 수 있다. 또한 글로벌 시민교육을 통해서, 학생들에게 지속 가능성과 문화적 다양성에 대한 인식을 갖도록 할 수 있다. 문화와 지속 가능성에 대한 관점을 우리나라에만 국한하지 않고, 국제적인 관점으로 폭넓게 이해할 수 있도록 하여 글로벌 시민으로서 해야 할 역할을 이해할 수 있도록 해야 한다.

이렇게 지역 문화와 지속 가능성을 결합한 미래 교육은 문화적 특수성과 다양성을 존중함과 동시에 지역사회를 위한 지속 가능성의 가치를 이해하고 실천하는 데 매우 중요하다. 학생들은 서로 다른 관점과 경험을 공유하며 자신의 시야를 넓히게 된다. 또한 지역 문화의 특수성을 보존하고 개발할 방법을 고민하면서 개인적 성장과 사회적 성장을 함께 촉진한다. 그와 동시에 지속 가능성 교육은 환경 보호와 지구적 책임에 대한 인식을 높이고, 지속 가능한 삶의 가치를 교육함으로써 미래 세대가 더 나은 세상을 실현해 나가는 데 중요한 역할을 한다. 이러한 교육은 학생들이 글로벌 시민으로서 책임감을 느끼게 하며, 지구적인 환경 문제에 대해 창의적이고 협력적인 해결책을 모색할 수 있는 역량을 갖추도록 지원한다.

참고문헌

김경희. (2015). 우리 삶 속의 음양오행에 대한 현대적 고찰. 동서철학연구, 78, 195−218.

김민주. (2010). 느리게 살기의 미학, 이탈리아 오르비에토. https://dbr.donga.com/article/view/1202/article_no/2982/ac/magazine (2024.2.11. 확인)

김재호. (2023). 수리 문화유산과 전통 지식. 무형유산, 0(14), 117−155.

신진영. (2019). 다언어문화사회 인도의 포용적 언어교육정책과 한국에 대한 시사점. 문화교류와 다문화교육, 8(3), 177−204.

안승현. (2023). 코펜하겐 Cycle SuperHighway 운영사례 및 시사점. 도로정책 Brief, 159(3), 7−9.

이도운. (2009). 아이슬란드의 지열 활용법. https://www.seoul.co.kr/news/newsView.php?id=20090204009004(2024.2.11 확인)

이채문. (2014). 아랄해의 환경문제와 고려인의 이주·정착 및 지역성 변화. 한국동북아논총, 2014−03(70), 197−221.

임은의. (2006). 빈곤 없는 세상을 만드는 마이크로크레딧. https://www.peoplepower21.org/welfarenow/%EC%9B%94%EA%B0%84%EB%B3%B5%EC%A7%80%EB%8F%99%ED%96%A52006/659870.(2024.2.11 확인)

정명철. (2021). 농업유산의 전통 지식 특성과 가치 연구. 전남대학교 박사학

위논문.

Alvargonzález, D. (2011). Multidisciplinarity, interdisciplinarity, trans-disciplinarity, and the sciences. *International Studies in the Philosophy of Science, 25*(4), 387-403.

Bird, E. (2001). Disciplining the interdisciplinary: Radicalism and the academic curriculum. *British Journal of Sociology of Education, 22*(4), 463-478.

Burri, M. (2010). Digital technologies and traditional cultural expressions: a positive look at a difficult relationship. *International Journal of Cultural Property, 17*, 33-63.

Choi, B. C., & Pak, A. W. (2006). Multidisciplinarity, interdisciplinarity and transdisciplinarity in health research, services, education and policy: 1. Definitions, objectives, and evidence of effectiveness. *Clinical and investigative medicine, 29*(6), 351.

Conrad, J. (2002). Limitations to interdisciplinarity in problem oriented social science research. *The Journal of Transdisciplinary Environmental Studies, 1*(1), 1-15.

Gadgil, M., Berkes, F., & Folke, C. (1993). Indigenous knowledge for bi-odiversity conservation. *Ambio, 22*(2-3), 151-156.

Huggan, G. (2002). Postcolonical studies and the anxiety of interdisciplinarity. *Postcolonial Studies: Culture, Politics, Economy, 5*(3), 245-275.

Johnson, E. B. (2002). *Contextual teaching and learning: What it is and why it is here to stay*. Thousands Oaks: Corwin Press.

Klein, J. T. (2010). A taxonomy of interdisciplinarity. *The Oxford handbook of interdisciplinarity, 15*(6), 15.

McGregor, S. L., & Gibbs, P. (2020). Being in the hidden third: Insights into transdisciplinary ontology. *Transdisciplinary Journal of Engineering and Science*, *11*, 142–157.

Nicolescu, B. (1996). *La transdisciplinarité.* Manifeste: Editions du Rocher.

Nicolescu, B. (2002). *Manifesto of transdisciplinarity.* New York State University.

Nicolescu, B. (2006). Transdisciplinarity: past, present and future. Moving Worldviews: Reshaping sciences, policies and practices for endogenous sustainable development, ETC/COMPAS, Leusden, 142–166.

Nicolescu, B. (2012). Transdisciplinarity: The hidden third, between the subject and the object. *Human and Social Studies*, (01), 13–28.

Nicolescu, B. (2014). Muldisciplinarity, interdisciplinarity, indisciplinarity, and transdisciplinarity: Similarities and differences. *RCC Perspectives*, (2), 19–26.

Rigolot, C. (2020). Transdisciplinarity as a discipline and a way of being: Complementarities and creative tensions. *Humanities and Social Sciences Communications*, *7*, 100.

Chapter

03

지속가능사회를 위한 지역사회 연계 모델

01

트리플 헬릭스(TH) 모델

트리플 헬릭스 모델의 뜻

트리플 헬릭스 모델(Triple Helix Model: TH-Model)은 혁신을 위한 대학-산업-정부의 세 영역 간의 상호 작용을 설명하는 개념이다 (Leydesdorff & Ivanova, 2016). 이 모델은 특히 지식 기반 경제의 맥락에서 세 영역이 서로 겹치고 얽혀서 혁신을 위한 경제 발전의 조건을 향상하는 데 도움이 된다.

지속 가능한 사회를 실현하기 위한 교육에서는 다양한 이해관계자 간의 연계와 네트워크가 중요한 역할을 한다. 이러한 연계는 자원과 아이디어를 공유하여 문제 해결 능력을 증대시키고, 지속 가능한 행동 변화를 촉진하는 데 기여한다. 또한, 협력을 바탕으로 더 큰 규모로 영향을 미치며, SDGs를 달성하는 데 도움을 준다.

이러한 맥락에서 정부, 산업, 학계 간의 협력을 강조하는 [그림 3-1]과 같은 트리플 헬릭스 모델은 지속 가능한 발전을 위한 교육에 중요한 시사점을 제공한다. 이 모델은 각 분야의 강점을 결합하여 복잡

그림 3-1 트리플 헬릭스 모델

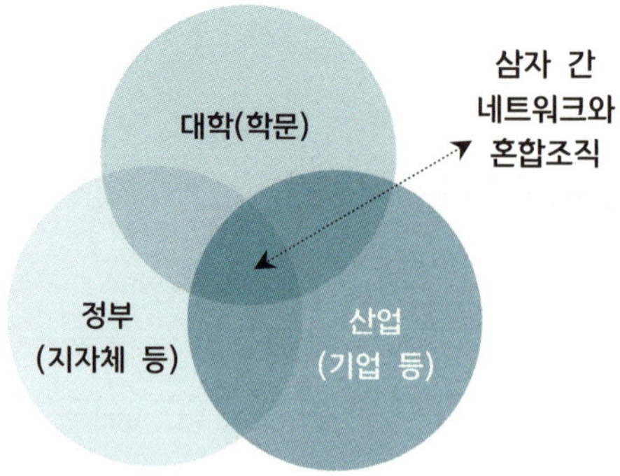

자료: Etzkowitz & Leydesdorff, 2000, p.111

한 사회적 문제를 해결하고, 지속 가능한 혁신을 촉진하는 데 기여한다. 따라서 이 책에서 트리플 헬릭스 모델을 다루는 것은 지속 가능한 사회 구축을 위한 교육이 단순히 개별적인 교육 기관의 노력만으로 이루어질 수 없으며, 다양한 이해관계자의 협력이 필수적임을 강조하기 위한 것이라 할 수 있다.

먼저, 대학은 이 모델에서 학습과 연구의 핵심일 뿐만 아니라 혁신 과정의 적극적인 참여자라고 할 수 있다. 대학은 기초 및 응용 연구, 인재 개발, 스타트업 및 스핀오프 설립을 통해 기여한다. 또한 대학은 정부와 산업계 간의 아이디어 교환과 협업을 위한 공간을 제공할 수 있다.

대기업에서 중소기업에 이르기까지 산업은 지식과 연구에 있어서, 시장성 있는 제품, 프로세스, 서비스로 전환하는 데 매우 중요한 역할을 한다. 이들은 종종 연구 개발(R&D)을 위해 대학과 협력하고, 혁신을 촉진하기 위해 정부로부터 규제 지원이나 자금을 요청한다.

트리플 헬릭스에서 정부의 역할은 효과적인 정책 환경 조성, 연구 개발 자금 지원, 혁신을 촉진하는 규정 및 표준 수립 등 다방면에 걸쳐 있다. 또한 정부는 학계와 산업계 간의 협력에서 중재자 또는 촉진자 역할을 할 수 있다.

이 세 부문 간의 상호 작용은 대학, 기업, 정부 사이에 존재하는 지식이 얽히면서 기술 발전, 경제 성장, 사회적 혜택으로 이어지는 혁신의 나선형으로 볼 수 있다. 이 모델은 각 부문 간의 협력 관계가 강화될수록 더 많은 혁신적 성과를 창출할 수 있음을 시사한다.

상황에 따라 이 모델은 진화하거나 조정될 수 있는데, 예를 들어, 일부 지역에서는 혁신 과정과 지속가능발전에서 시민 사회의 역할을 인정하여 시민 사회나 사회의 자연환경을 포함하도록 모델을 확장할 수도 있다.

트리플 헬릭스 모델의 원리는 대학-산업-정부의 세 주체가 협력하여 혁신과 지식 창출을 촉진하는 구조에 있다(Ranga & Etzkowitz, 2013). 이 모델에서 각 주체는 자신의 역할을 넘어 다른 주체의 역할을 일부 수행한다. 이를 통해 지식 공간(Knowledge Space), 합의 공간(Consensus Space), 혁신 공간(Innovation Space)이 형성된다.

지식 공간은 새로운 아이디어와 이론이 생성되고 발전하는 영역이다. 주로 대학과 연구 기관에서 주도하며, 기초 연구와 응용 연구를 통해 새로운 지식을 창출한다. 이 공간은 학문적 탐구와 연구를 통해 지속해서 확장되며, 산업과 정부에 새로운 혁신적 아이디어를 제공한다.

합의 공간은 다양한 이해관계자 간의 협력과 대화를 통해 형성된다. 이 공간에서는 대학-산업-정부가 각자의 목표와 필요를 공유하고 조정한다. 이를 통해 공동의 목표와 방향성을 설정하고, 혁신적인 아이디어가 실제 응용 및 구현으로 이어질 수 있는 기반을 마련한다. 정책 결정, 표준 설정, 협력적 연구 개발 프로젝트 등이 이 공간에서 이루어진다.

혁신 공간은 새로운 아이디어와 지식이 실제 제품, 서비스, 기술로 전환되는 장소이다. 이 공간은 주로 산업 부문에서 주도하지만, 대학의 연구 결과와 정부의 지원 및 정책이 결합하여 혁신을 구현한다. 여기서는 연구 개발(R&D), 제품 개발, 기술 상용화, 스타트업 창업과 같은 활동이 이루어지며, 새로운 시장과 기회를 창출한다.

트리플 헬릭스 모델에서 이 세 공간은 상호 연결되어 있으며, 각각의 공간이 효과적으로 작동하려면 대학–산업–정부 간의 긴밀한 협력과 소통이 필수이다. 이러한 상호 작용을 통해 지식의 창출과 전달, 혁신의 구현이 원활하게 이루어지며, 이는 궁극적으로 지역 및 국가 경제의 성장과 발전을 촉진한다.

그러나 주의할 점은 여기서 말하는 '공간(Space)'은 물리적 공간을 말하는 것이 아니라는 점이다. 예를 들어 사람들이 모여 아이디어 교류 및 창출, 이론 등이 생성된다면 그것은 지식 공간이 된다고 말할 수 있다. 이전에는 지식인들이 양성되고 연구가 활발히 수행되는 공간으로 여겨졌으나, 이제는 기업과 정부에서도 여러 연구 기관을 운영하기 때문에 반드시 대학만이 지식 공간이라고 볼 수 없다.

현재 트리플 헬릭스 모델은 지역 및 국가 차원에서 혁신을 이해하고 촉진하며, 공동 연구 및 개발 계획을 지원하는 정책을 수립하기 위한 분석 프레임워크로 널리 사용되고 있다. 그렇다면 트리플 헬릭스 모델이 실제로 어떻게 작동되는지 알아보자.

지식 공간을 만들기 위한 메커니즘

첫째, 연구가 집중된 지역에서 연구에 대해 큰 관심이 없는 지역으로 공공 연구 자원을 분산시키는 방법이 있다. 1980년대 중반 멕시코에서는 지진 이후 정부 연구소가 멕시코 시티에서 다른 지역으로 이전되었는데, 이 이전의 가장 큰 목적은 이후에 있을지도 모를 지진의 피해로부터 연구소를 보호하기 위함이었다. 그러나 동시에 지금까지 연구 역량이 부족하였던 지역에 연구소 이전을 통해 지역사회에 연구 역량을 제공함으로써 해당 지역의 문제를 해결하려는 이유도 있었다. 이 정책은 결국 지식 기반을 강화하기 위해 더 많은 연구 기관이 수도에서 다른 지역으로 이전하면서, 명시적인 지식 기반 지역의 개발 전략으로 확대되었다(Casas et al., 2000).

둘째, 기존 연구 자원의 이전 및 집적을 통해 지식 공간이 창출되기도 한다. 노스캐롤라이나주는 정치적 영향력을 이용해 타주에 있는 연방 정부 연구소를 노스캐롤라이나주 리서치 트라이앵글 공원으로 이전하도록 유도하고, 이를 통해 기업 연구소를 유치하는 등, 첨단 기술 개발 전략의 초기 틀을 마련하였다(Hamilton, 1966).

셋째, 과학 기반 대학 설립을 통해 선도하는 연구자를 유치함으로써 지식 공간이 만들어질 수 있다. 1950년대에 설립된 캘리포니아 대학교 샌디에이고 분교는 선도적인 첨단 기술 단지의 기반이 되었으며, 샌디에이고가 해군 기지와 군인 은퇴자 커뮤니티에서 지식 기반 도시로 변모하는 데 기여하였다. 이 캠퍼스의 설립을 촉구한 학계, 재계, 정계 지도자들의 연합은 분자생물학과 같이 상업적 잠재력이 있는 분야를 선도하는 연구자를 유치하는 것이 경제 발전 전략이라고 생각하였다.

샌디에이고 캠퍼스의 전략은 최근 '기업가적 대학'으로 설립된 머세드 캠퍼스에 그대로 적용되어 농업 지역에 첨단 기술 개발을 촉진하고, 지역 고유의 지식 자산을 창출하여 새로운 투자를 유도하고 새로운 가치를 창출하는 데 기여하고 있다.

넷째, 새로운 산업의 발전을 지원하거나 기존 산업을 더 높은 수준으로 끌어올리기 위해 새로운 대학 자원을 창출하여 지식 공간을 만들 수 있다. 프리부르고의 리우데자네이루 주립대학은 기존 학부 캠퍼스에서처럼 단순히 기존 기업의 지원 인력을 양성하는 것이 아니라, 인근의 쇠퇴한 산업 지역에 지식 인력을 공급하기 위해 IT 중심의 박사 학위 프로그램을 제공하는 새로운 캠퍼스를 설립하였다. 스웨덴 노르셰핑에서는 탈산업화 이후 도시 지역의 비즈니스 및 정치 지도층을 대표하는 협의회가 설립되었다. 이 협의회는 지역 전통 산업 중 하나인 제지 산업을 되살리기 위해 고급 학술 연구 그룹을 갖춘 대학 캠퍼스를 만들기로 하였다. 1990년대 중반 트리플 헬릭스 리더십을 통해 대도시 지역의 혁신 학자와 실무자들이 모인 '뉴욕 혁신에 관한 대학 간 세미나'는 경제 발전을 위한 뉴욕의 강력한 학술 연구 기반 촉진에 필요한 부분에서 빠진 고리로 MIT와 같은 학술 기관이 없다는 가설을 세웠다. 이 분석은 결국 뉴욕시 리더십에 반영되었다. 블룸버그 시장은 최근에 이 격차를 메우기 위해 코넬-테크니온 기술 대학원을 설립하고 NYU와 컬럼비아의 혁신 이니셔티브를 업그레이드하는 등 다양한 노력을 기울였다. 암스테르담 시장은 현재 암스테르담 경제위원회와 협력하여 '시미: 이티브(simi: itive)'를 조직하고 있다.

다섯째, 정부 지원을 받는 가상 모임, 지리적으로 분산된 대학과 산업계 그룹이 공통 연구 주제로 협력하여 지식 공간이 만들어질 수 있다. 캐나다 우수 연구센터 네트워크(NCE)는 광범위하게 분산된 학계 및 기업 연구 부서를 한데 모아 대규모 정부 후원을 통해 협력할 동기를 부여하였으며, 일반적으로 기존 지역 프로젝트를 확장하기 위해 자금을 나누고 적절한 협업을 수행하였다. 제안서 작성에 필요한 상호 작용과 토론을 통해 새로운 연구 아이디어와 지리적, 조직적 경계를 뛰어넘는 진정한 지적 협업을 창출한 것으로 평가받는다.

마지막으로, 국제 경쟁력을 갖추기 위해 기존 지식 기반 조직을 네트워킹하고 기존 행위자 간의 협업을 통해 새로운 조직을 창출하여 지식 공간을 만들어 낼 수 있다. 스톡홀름 기업가 정신 학교는 스톡홀름 대학교, 왕립 공과대학교(KTH)의 협력으로 설립되었으며, 최근에는 왕립 예술대학도 포함되었다. 스웨덴 남부(스카)와 코펜하겐을 잇는 외레순드 프로젝트에는 외레순드 대학 설립이 포함되었는데, 이는 이전에 이 지역을 양분하였던 해협 양쪽의 대학 간 협력을 장려하기 위한 것이었다. 카롤린스카 연구소는 스웨덴 전역과 노르웨이 국경에 흩어져 있는 생물학, 간호학 및 기타 느슨하게 연관된 분야의 여러 소규모 학교를 통합하여 연구, 교육 및 상업화 활동의 더 큰 '임계 질량'을 창출하는 대학 설립 전략을 시작하였다.

이상 6가지의 사례를 통해 지식 공간이 생성되는 메커니즘을 확인하였다. 첫 번째와 두 번째 사례는 연구에 관심이 적은 지역에 연구 기관을 이전하여 지식 공간을 창출하였으며, 세 번째와 네 번째 사례에서는 대학을 설립하였다. 다섯 번째와 여섯 번째 사례에서는 대학과 기업의 연구 부서를 한 곳에 모일 수 있도록 하였다.

사례를 통해 확인할 수 있는 것 중 하나는 주로 대학이 중점적으로 지식 공간 창출에 기여하지만, 반드시 그러한 것은 아니라는 것이다.

첫 번째와 두 번째 사례에서는 대학이 아닌 연구소를 이전하여 변화된 것이다. 둘째로는 여러 종류의 기관이 모이지 않아도 된다는 것이다. 단순히 연구 역량이 필요한 곳에 연구 인력을 배치하는 것이다. 하지만 이것만으로는 혁신이 일어나지 않는다. 그 안에서 어떤 상호 작용이 있을 수 있는지 혁신 공간과 합의 공간을 살펴보아야 한다.

혁신 공간을 만들기 위한 메커니즘

첫째, 고등교육기관이 없는 지역에 대학을 설립하여 기존 클러스터의 기술 수준을 높이거나 새로운 클러스터의 원천으로 삼는 경우 혁신 공간이 조성될 수 있다. MIT는 기존 클러스터의 기술 수준을 높이기 위해 설립된 대학의 대표적인 사례로, 1862년 보스턴의 섬유, 가죽, 기계 산업에 과학 기반 기술의 새로운 아이디어를 제공함으로써 산업을 지원하기 위해 설립되었다.

20세기 초 MIT가 연구 역량을 개발할 무렵에는 설립 초기에 지원하고자 하였던 산업이 대부분 원자재, 유통망, 저렴한 노동력을 이용할 수 있는 지역으로 이전하였다. 이러한 맥락에서 MIT는 기존 산업을 지원하는 것에서 연구 프로그램을 통해 기업을 형성함으로써 신산업 창출에 기여하고, 새로운 기업 형성과 성장을 지원하는 벤처 캐피털 산업을 창출하는 데 있어 기업 및 정부와 협력하여 지역 발전의 다음 단계로 나아갔다(Etzkowitz, 2002).

1950년대에 샌디에이고의 지역 지도부는 이전까지 해군 기지와 은퇴자 커뮤니티로 알려진 이 지역에 새로운 과학 기반 산업을 창출하기 위한 전략으로 과학 기반 기업가적 대학이라는 명확한 모델을 도입하였다. 산업 육성을 위한 장기적인 전략의 일환으로 캘리포니아 대학교의 새로운 캠퍼스를 설립하고 생명공학 등 이론적, 실용적 잠재력이 있는 분야의 선도적인 과학자를 영입하였다.

수십 년 후, 생명공학 관련 분야의 연구 그룹과 연구소를 집중적으로 육성하는 전략을 적극적으로 추진함으로써, 이곳에서 중요한 기업들이 탄생할 수 있는 토대를 마련하였다. 이후 샌디에이고는 보스턴, 캘리포니아 북부와 함께 미국 3대 생명공학 산업의 중심지로 성장하였다. 실제로 이 지역의 생명공학 산업은 영국 전체 산업보다 더 큰 규모를 자랑한다.

둘째, 대학 기술 이전 및 창업을 위한 통합 환경 구축을 통해 혁신 공간이 만들어질 수 있다. 지난 20년 동안 플랑드르 가톨릭 루뱅 대학교와 기술 이전 사무소인 루뱅 R&D는 인큐베이터, 과학 단지, 비즈니스 센터, 벤처 캐피털리스트, 스핀오프 기업 및 국제 R&D 집약 기업, 여러 네트워킹 이니셔티브 및 기술 클러스터를 포함한 지역 혁신 네트워크의 핵심이 되었다.

셋째, 예술·기술 기반의 경제 재생을 촉진하기 위해 예술가들을 쇠퇴한 도시 지역으로 이주시켜 혁신 공간을 창출해 낸 사례가 있다. 전문 예술가들이 버려진 산업 건물에 입주하여 예술가 커뮤니티 재단을 조직할 수 있도록 허용한 뉴욕시의 구역 설정 권한을 창의적으로 활용하여 소호 지역을 예술가들을 위한 저비용 공간으로 한동안 보존하고, 첨단 학술 연구를 기반으로 쇠퇴하는 제조업 지역을 과학 도시에 상응하는 예술 공간으로 전환하는 데 성공하였다.

세 가지의 사례를 통해 우리는 혁신 공간이 어떻게 만들어지는지 확인할 수 있다. 혁신 공간도 연구 기관이나 대학에서 개발한 특허 등의 연구 결과를 상업화하거나 산업계로 이전하는 역할을 담당하는 기술 이전 사무소와 대학의 연합 등을 통해 만들어 지는 것을 확인할 수 있었다. 또한 대학이 기업가 정신을 가진 과학 기술 인재를 양성하여 수십 년 후에 해당 지역에 거대한 기업들을 탄생시키기도 하였다. 또한, 직접적으로 기술을 이전하는 기관이 개입하기도 하였으며, 과학 기반 도시 계획으로 인해 쇠퇴할 뻔한 지역에 예술가의 유입을 통해 기술과 예술이 연합한 도시가 만들어진 사례도 있었다.

이렇듯, 혁신 공간은 기업가적 정신과 지식 공간이 만나 혁신이 일어나는 공간인 셈이다. 첫 번째와 두 번째 사례는 대학이 지식 공간의 역할을 하며, 세 번째 사례는 예술가가 곧 지식 공간의 역할을 한 것이다. 여기에서 첫 번째 사례는 대학이 '기업가적'이라는 마인드, 두 번째 사례는 기술 이전 사무소, 세 번째 사례는 기존에 자리 잡은 과학 단지 프로젝트의 국내 및 다국적 기업이 혁신 공간의 역할을 하게 된 것이다.

합의 공간을 만들기 위한 메커니즘

첫째, 브레인스토밍, 문제 분석, 계획 수립을 위한 거점을 제공하기 위한 조직의 생성 및 변화가 합의 공간을 창출할 수 있다. 피츠버그 하이테크 위원회, 리우데자네이루주 페트로폴리스 테크노폴, 브라질 헤시피 과학공원 이사회 등은 지역 혁신 역량 강화를 위해 정부나 지자체와 협력하는 역할의 대표적인 사례이다. 마찬가지로 암스테르담의 지식 서클은 지식 기간 개발을 강화하기 위한 아이디어를 공식화하고 제안하기 위해 정기적으로 모임을 하였다. 뉴욕의 퇴근 후 클럽도 예술가, 패션 디자이너 및 기타 창의적인 개인이 예술 및 패션 분야의 새로운 프로젝트를 개발할 수 있는 장소를 제공하는 합의 공간으로 간주할 수 있다(Currid, 2007).

둘째, 프로젝트 실행에 필요한 자원에 대한 접근성을 제공함으로써 합의 공간을 창출할 수 있다. 이는 전략 검토 및 수립 과정에 다양한 배경을 가진 주체들을 포함하는 과정을 통해 달성할 수 있다. 1930년대 이 지역의 대학, 산업계, 정부 지도층을 대표하는 뉴잉글랜드 협의회는 전문 인력을 갖춘 투자회사를 기반으로 벤처 캐피털 회사의 현대적 형태를 창안하였다. 이들은 대형 금융기관이 위험한 벤처에 투자하는 것을 막는 법률을 바꾸기 위해 로비를 벌여 벤처 캐피털 회사를 생존할 수 있는 기업을 만들 정치적 전략을 수립하였다(Etzkowitz, 2002).

셋째, 제조업의 몰락과 대체 산업 창출 실패로 인한 사회경제적 위기, 금융 및 사회적 위기 등 갈등이나 위기 상황에 대한 해결책을 제시하는 역할을 함으로써 합의 공간이 창출될 수 있다. 특히 미국에서는 1970년대에 제조업이 해외 경쟁에 밀려나며 큰 타격을 받았다. 이때 '영웅적 기업가'를 앞세운 기업들이 혁신을 주도하며, 정부의 직접적인 지원에 대한 찬반 양측 사이의 타협을 끌어내었다. 이는 국가 시스템 내에서 혁신을 촉진하는 원동력으로 작용하였다.

1990년대 일본은 제조업의 생산 능력이 해외로 이전되고 부동산 거품이 붕괴하면서 경제적, 사회적으로 큰 어려움에 놓였다. 이에 따라 신흥 기업들의 노력만으로는 메워지지 않는 큰 공백이 생겼고, 경제와 사회가 정체 상태에 빠졌다. 이 시기를 극복하기 위해, 일본은 대학이 단순히 과거 산업을 위한 연구와 개발을 하는 장소에서 벗어나 지식 기반 경제로의 전환을 도모하는 더 큰 역할을 하도록 모색하였다. 이는 경제의 재활성화와 사회적 진보를 위한 새로운 길을 찾으려는 시도였다.

1990년대 초, 스웨덴의 경제는 주요 기업과 기업가들이 해외로 이전하거나 외국 기업과 합병하면서 외국에서 경제 활동을 확장하는 경향으로 인해 금융 위기에 직면하였다. 이런 상황에서 스웨덴 정부는 두 가지 선택 사이에서 고민해야만 하였다. 오랜 역사를 가진 대기업들을 계속해서 지원할 것인가, 아니면 신기술과 혁신적인 아이디어를 가진 신생 기업을 육성하여 경제에 새로운 활력을 불어넣을 것인가 하는 선택이었다. 결국, 스웨덴은 전 국민이 참여하는 스타트업 문화를 적극 도입하여 국가 산업 기반을 재활성화하는 길을 선택하였다. 이는 국가적 차원의 혁신과 성장을 촉진하는 중요한 전환점이 되었다.

한편, 브라질은 지속해서 심각한 부와 빈곤의 문제에 직면해 왔다. 이 문제를 해결하기 위한 전략의 일환으로, 2004년에는 혁신을 촉진하고 경제 성장을 가속하기 위해 다양한 정부 정책을 도입하였다. 이 혁신법은 기업들이 새로운 기술과 아이디어를 개발하고 시장에 도입하는 것을 장려함으로써 경제 전반에 걸쳐 혁신적인 활동을 촉진하고자 하였다. 이러한 접근 방식은 브라질의 경제 성장 전략의 핵심 요소가 되었으며, 국가가 장기적인 문제를 해결하는 데 중요한 역할을 하게 되었다.

이상의 내용을 바탕으로 지식 공간, 합의 공간, 혁신 공간에 대해 정리하면 다음과 같다. 지식 공간은 지식과 아이디어를 창출하는 모임, 혁신 공간은 기업가적 마인드로 산업화하는 모임, 그리고 합의 공간은 산업화 과정에서의 문제를 인식하고 해결하는 모임으로 볼 수 있다. 이러한 관점에서 각각의 공간은 같은 목적을 지닌 모임이며, 이것이 자발적일 경우에는 실천공동체의 맥락과 유사해진다.

02

지역사회 연계형 실천공동체(CoP) 모델

지역사회와 연계하여 대학에서 지속가능발전교육을 실행하고 있는 A대학 사례를 통해 '실천공동체(Community of Practice: CoP) 모델' 적용 사례를 살펴본다.

실천공동체(CoP) 진행 단계

'실천공동체(Community of Practice: CoP)'는 Wenger(1998)에 의해 소개되었는데, 공통된 목표를 해결하기 위해 자발적으로 모인 사람들의 집단을 말한다. 이는 조직 내 어디에서나 생겨날 수 있으며, 구성원들이 서로의 지식을 공유하고 교환함으로써 힘을 얻게 된다. 이 과정에서 자연스러운 추진력을 얻게 되며, 목표를 향해 함께 나아간다.

만약 목표를 달성하거나 실패해도, 그 경험은 긍정적으로 여겨져 다른 조직에서 비슷한 실천공동체를 경험할 때 더 쉽게 적응하고 함께 목표를 달성할 수 있게 한다. 구성원들이 다시 만났을 때의 시너지 효과가 나타날 수 있고, 더 큰 목표를 추구하는 것도 가능해진다. 심지어

그림 3-2 실천공동체 진행 단계

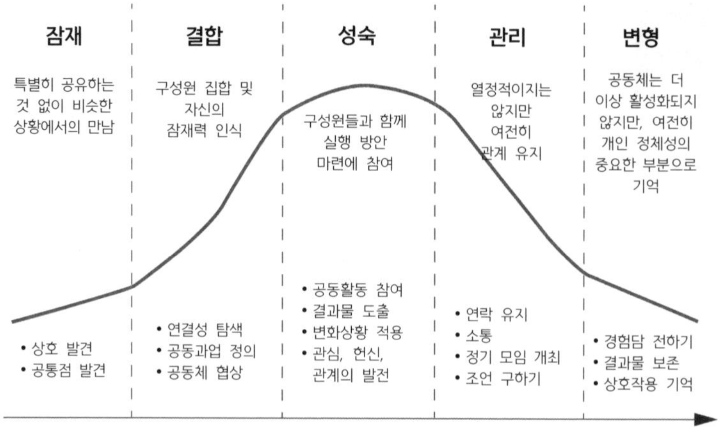

자료: Wenger, 1998; 최재혁과 손연아, 2024

조직이 해체되더라도, 구성원들이 계속해서 연락을 유지하며 실천공동체가 지속될 수도 있다. 이처럼 실천공동체는 목표를 향해 나아가는 과정에서 서로를 지원하고 강화하는 중요한 역할을 한다. Wenger(1998)에 의해 제시된 실천공동체의 형성과 진행 과정은 [그림 3－2]와 같다.

구체적으로 살펴보면, 실천공동체는 유사한 상황에 부닥쳐 있거나 비슷한 목표를 가진 사람들이 서로를 알아보거나 찾는 과정에서부터 발달하기 시작한다(잠재 단계). 이후, 서로가 가진 자원을 파악하고 연결점을 발견하면서 공통의 지향점을 가지는 집단으로 성장한다(결합 단계). 이러한 공동체 내에서 구성원들은 상호 작용을 통해 관계를 맺고, 새로운 자원이나 행동을 활발하게 생성하고 공유한다(성숙 단계). 그 결과로 목표에 도달하고 나면, 상호 작용은 감소하게 되지만 여전히 구성원들 사이의 관계는 유지된다(관리 단계). 이러한 상태로 시간이 지나게 되면 공동체 구성원들 사이의 상호 작용은 더 이상 활성화되지 않고 그들 사이의 관계가 희미해지면 이러한 활동에 대한 기록과 기억이 남게 된다(변형 단계).

실천공동체라는 개념은 일상생활에서 자주 발견되는 현상에 해당한다. 개인이나 집단이 특정 목표를 달성하기 위해 자발적으로 결집하고, 계획을 수립하며, 프로젝트를 진행하는 과정에서 구성원 간의 친밀도가 증진되는 현상이 바로 그것이다. 자율적으로 형성된 동아리, 공부나 과제 등을 위한 집단 활동, 독서 모임, 취미 클럽, 성경 모임 등이 실천공동체의 예시에 해당한다.

실천공동체라는 개념은 교사 공동체 내에서도 중요한 요소로 간주되며, 연구의 대상이 되어 왔다. 그러나 COVID-19 팬데믹 종료 이후 대학 환경에서는 '핵개인의 시대(송길영, 2023)'라 명명된 새로운 현상이 나타나고 있다. 이는 개인주의적 경향이 강화되는 시대적 상황을 의미하며, 교사 공동체에 있어 잠재적 위협 요소로 작용할 수 있다. 그럼에도 불구하고, 핵개인들이 집단을 형성하여 새로운 형태의 공동체를 창출할 수 있다는 점에서 희망을 가질 수 있다.

지역사회 연계형 실천공동체 운영 사례

A 대학의 사범대학 학부생을 중심으로 지역사회 연계형 실천공동체를 운영하기 위해, 먼저 대학생들의 요구 사항을 알아보았다. 그리고 실천공동체 네트워크를 구성하였는데, 여기에는 다양한 전공과 학년의 학부생, 각 학과 사무실, 사범대학 학생회, 대학원생, 대학부설 연구소, 그리고 사범대학 교학행정팀이 포함되었다. 이러한 구성원들이 모여 서로 지원하고 협력함으로써, 학생들이 필요로 하는 것들을 충족시키기

그림 3-3 사범대학 중심 지역사회 연계 실천공동체 네트워크 모식도

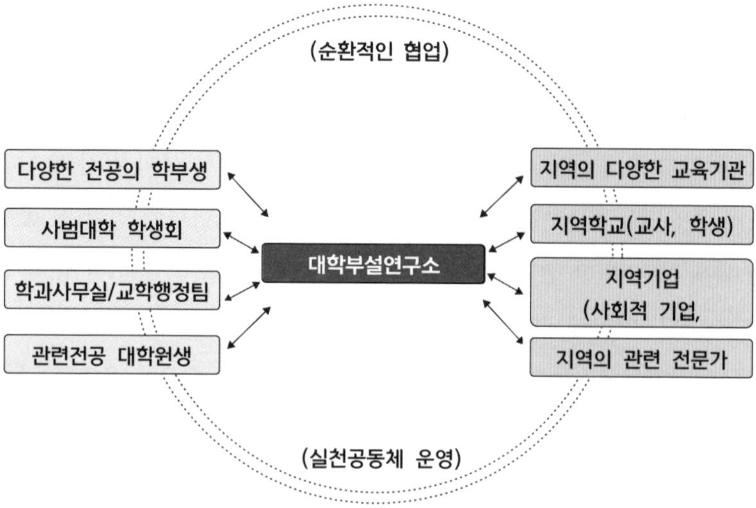

위한 활동을 [그림 3-3]과 같이 진행하였다.

또한, 초·중등학교 네트워크의 경우, 네트워크 안에서 특히 주변에 있는 학교들의 동아리 활동을 담당하는 교사들과 진로 상담을 맡고 있는 교사들에게 대학생들이 참여할 수 있는 연수 프로그램을 제안하였다. 이런 방식으로, 학생들이 실질적인 경험을 쌓고, 교사들과의 연결고리를 강화할 기회를 만들었다.

지역과 관련해서는 학교에 연계된 사회적 기업, 공공기업, 공공기관 산하 교육센터 등의 다양한 지역사회 기관에서 활동하는 전문가를 확보하였다. 이때 지역 기관 인사들과 대학, 초·중등학교를 효과적으로 연결하는 데 중요한 역할을 한 것이 바로 네트워커였다. 네트워커는 협업 네트워크의 핵심 참여 주체이자 경계 조율 주체로, 공동의 목표를 이루기 위해 네트워크 내에서 소통을 조율하고, 상호작용을 지원하며,

갈등을 중재하는 역할을 한다. 특히, 네트워크 참여 주체들이 지식 공간, 합의 공간, 혁신 공간에서 상호작용 할 때, 그들 사이에서 협력을 지원하고 갈등이 생기지 않도록 혹은 갈등을 원활히 조율할 수 있도록 돕는 핵심적인 역할을 한다(박병열 외, 2024). 이처럼 네트워커는 단순한 연결자를 넘어, 지역사회와 교육기관 간의 협력을 촉진하고 관계를 성장시키는 중요한 역할을 수행한다. 네트워커는 복합적인 전문성과 변화에 민감하며, 조직에 얽매이지 않는 성향을 지닌 사람들이 유리하다. 이들 네트워커는 교육자와 학습자의 상황에 대한 깊은 이해력, 관계를 중시하는 태도, 명확한 비전이 있는 전문성, 성과를 이끄는 능력을 갖추고 있는 사람들이다. 이러한 능력을 바탕으로 네트워커는 학습자 중심의 교육 활동을 유도하고, 학습자의 네트워킹 능력을 강화하며, 학습자의 정체성 형성에 도움이 되고, 지역 교육 공동체의 형성을 촉진하며, 학교의 정체성을 확장하는 데 의미 있는 역할을 하게 된다(김경애, 2009).

지역사회 연계형 실천공동체 운영 과정

지역사회 연계형 실천공동체 프로젝트는 Wenger(1998)에 의해 제시된 실천공동체 이론의 단계와 Puig et al.(2007)에 의한 서비스러닝의 단계를 재구성하여 계획하였다. 서비스러닝은 지역사회 문제를 발굴하고, 학습한 내용을 적용하여 해당 문제를 이해관계자 및 전문가와 공동으로 해결하는 교육 방식을 지칭한다. 이 방식을 통해 학생들은 사회적 영향력, 민주시민 역량, 전문성 향상 등 다양한 효과를 경험하였다는 연구 결과가 있다(이순덕과 전희정, 2023; 김현아, 2020; 손가현과 김유나,

2020; Waters & Anderson-Lain, 2014). 서비스러닝은 이러한 이점을 바탕으로 지역사회와 연계된 교육적 문제 해결 방안으로 주목받고 있다.

사례로 제시하는 사범대학 연계 지역사회 연계형 실천공동체 프로젝트의 구성은 다음과 같다. 첫 번째 단계는 '상황 분석'으로, 참여할 학생들의 정보를 수집하는 과정이다. 두 번째 단계는 '프로젝트 계획'으로, 목표 달성, 공동체와의 협업 방법론, 공동체에 대한 문제 이해 등을 학습하는 과정이다. 세 번째 단계는 '실천 계획'으로, 필요한 공동체 활동과 활동 과정에 대한 동기 부여, 새로운 목표 설정 등을 포함한다. 네 번째 단계는 '실행'으로, 계획을 실제로 실행하며 실행 과정에서의 동기 유지를 모니터링하는 과정이다. 마지막 단계는 평가로, 활동 결과에 대한 피드백 제공, 긍정적 성과 감상, 향후 활동 제안 등을 포함한다 (Garcia Lópoez et al., 2023).

초기 단계에서는 자율적으로 모임을 구성하기 위해 명시적인 의도를 밝히지 않고, 3개 팀을 구성하였다. 팀 구성 시에 참여자들에게 교육봉사 시간, 연구 성과, 연구비, 개인의 역량(예: AI 및 분석 프로그램 활용능력) 등을 선택적으로 제공하는 것으로 협의하였다.

팀원 연수 과정에서는 'AI 및 챗봇 활용 방법'을 다루어, 실제 데이터 분석을 위한 프로그램 활용법을 시각적으로 이해할 수 있도록 하였다. 이후 프로젝트 운영자는 지역사회 연계 교육의 사례를 소개하여 참여자들이 의미있는 결과물을 창출할 수 있는 기대감을 형성할 수 있도록 유도하였다.

지역사회 연계형 실천공동체 프로젝트의 미션은 4단계로 구성되어 있다. 첫 번째 단계인 팀 빌딩은 팀원 간의 상호 작용 향상과 친밀감 형성을 목표로 한다. 두 번째 단계는 지역 교육 기관을 선정하고, 해당 기

표 3-1 지역사회 연계형 실천공동체 프로젝트 진행 과정

절차	내용	실천공동체 진행 단계
모집	홍보 주체와의 협의, 홍보 자료 제작 및 배포	잠재
연수	전체적인 운영 방식 소개 - 운영 목적, 운영 방향, 일정, 참가 혜택 등	
미션 수행	팀 만들기(상호 발견, 공통점 발견)	결합
	교육 봉사 기관 협조 구하기(연결성 탐색 및 협상)	성숙
	수혜자 대상 교수학습 프로그램 만들기(협업 활동)	
	네트워크 기관 맞춤형 홍보	
	중간 보고회 - 실천공동체 협업과정 설명 - 프로그램 개발과정 공유 - 토의 및 피드백	
	교육 활동 진행 - 지역 문제 발굴을 위한 관계자 인터뷰	관리 및 변형
	지역 문제 해결 방안 도출	
	최종 보고회 – 실천 공동체 네트워크 참여 성과 공유회	
활동 종료 후	활동 피드백 – 인터뷰, 연락 유지 및 소통, 상호작용 기억	

관에 맞는 교육 프로그램을 개발하는 것이다. 세 번째 단계에서는 개발된 교육 프로그램을 바탕으로 다양한 차시의 교육 프로그램을 개발한다. 마지막 단계는 홍보 자료 제작 및 홍보 진행으로, 교육 프로그램에 대한 인식을 높이는 것이 된다. 미션 완료 후에는 중간 보고회, 교육 실행, 최종 보고회 순으로 진행되었다. 구체적인 진행 과정은 〈표 3-1〉과 같다.

지역사회 연계형 실천공동체 프로젝트 운영의 시사점

지역사회 연계형 실천공동체 프로젝트에 참여한 학생들의 경험을 인터뷰한 결과, 자신의 경험이 성공적이라고 느끼는 그룹이 있었고 동시에 자신의 경험이 성공적이지 못했다고 느끼는 그룹이 있었다. 두 그룹의 응답 중 공통적인 것, 실천공동체적 특징이 반영된 것, 그리고 서비스러닝의 특징이 반영된 내용은 다음과 같다.

두 팀의 공통적인 응답은 자신이 전공한 학문의 종류가 경험의 성공과 실패를 나누지 않았다는 것이다. 또한 두 그룹 학생들은 더 많은 연수 시간이 있었다면 좋았겠다는 의견을 공통적으로 보였다. 그리고 모든 팀은 프로젝트를 위한 공간의 필요성을 강조하였다.

두 그룹의 응답은 실천공동체 특징에서 공동의 목표, 프로젝트 목표에 대한 이해도, 팀 내 역할에 대한 태도 등에 따라 차이를 보였다. 성공적으로 실천공동체를 경험한 그룹은 사회적 책임감을 더 중시하였고, 프로젝트 목표에 대한 이해도가 높았으며, 목표를 달성하는 데 집중하였다. 반면, 실천공동체 참여에 아쉬움을 가진 그룹은 프로젝트 목표의 이해도가 낮았고, 프로젝트를 진행하는 데 있어서 외부 요인에 대한 어려움을 더 많이 언급하였다. 특히, 팀 내에서의 역할에 대한 태도에서 큰 차이를 보였는데, 성공적인 그룹은 모두가 리더십을 발휘하였다고 생각한 데 비해, 아쉬움을 가진 그룹은 리더십이 한정적으로 나타났다고 생각하였다.

지역사회 연계형 실천공동체 프로젝트 참여자로서의 특성은 봉사정신과 전공의 활용에서 두드러졌다. 성공적인 그룹은 지역사회와의 연계를 통해 교육 프로그램을 개발하면서, 사회적 책임감을 갖게 된 것으로 생각하였고, 교육 기부 수혜자에 대한 애정을 두드러지게 표현하였다. 이 그룹은 지역사회에 관한 관심을 증진하는 교육 프로그램 개발을 통해 긍정적인 사회적 영향력을 주었다고 생각하였다. 또한, 팀원들의 전공 활용에 있어서는 팀 내의 다양한 전공이나 특기를 살릴 수 있는 교육 프로그램 개발에 중점을 두었다.

결론적으로, 실천공동체 진행 단계를 활용하여 운영한 지역사회 연계형 실천공동체 프로젝트는 예비 교사와 초·중등 학생들에게 지역사회에 관한 관심과 사회적 책임감을 증진할 기회를 제공하였다. 이 프로젝트를 성공적으로 운영하기 위해서는 팀별 미션 수행 기한에 대한 명확한 안내, 사회적 책임감을 함양하는 연수 프로그램 운영, 실천공동체 내에서 주체적으로 참여할 수 있는 지원 방안 마련, 그리고 모든 참여자의 관심사와 역량을 활용한 교육 프로그램의 개발이 필요하다. 이러한 과정에서 예비 교사들은 지역사회 연계형 실천공동체 경험을 바탕으로 학교 현장에서 실천공동체를 구성하고 운영하는 주체로 성장할 수 있을 것이다.

03

지역사회 연계 네트워크 모델[1)]

이 절에서 소개하는 지역사회 연계 네트워크 모델은 환경 위기로 인해 발생하는 여러 가지 문제들을 초·중등학교, 지자체, 지역사회 등의 관련 이해당사자들 간의 협력을 이해하고 지원하기 위한 네트워크 관점에 중점을 두고 있다. 이 모델은 [그림 3-2]와 같이 트리플 헬릭스 모형에서 다루는 지식 공간, 합의 공간, 혁신 공간으로 구성되어 있으며, 크게 세 부분으로 나뉘는 네트워크 참여 개체들과 그들 사이의 협력을 지원하고 조율하는 개체로 이루어져 있다.

지식은 개인이나 집단이 경험이나 학습을 통해 습득한 정보와 이해의 총체로써, 지식 공간 안에서 네트워크에 참여하는 개체들은 본인의 지식이나 아이디어를 공유하거나 새로운 지식을 이해하게 된다. 또한 지식 공간 안에서는 기존의 지식을 수정하거나 발전시켜 새로운 지식이 만들어지기도 한다.

1) 이 내용은 과학교육연구지 48권 3호에 게재된 '박병열 외(2024). 환경·지속가능 발전교육을 위한 협업 네트워크 모델 탐색' 연구를 바탕으로 작성되었음.

그림 3-2 지역사회 연계 네트워크 모델

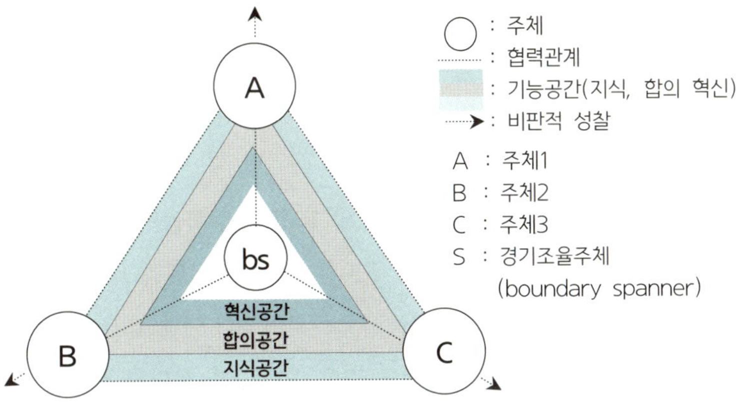

합의 공간은 네트워크에 참여하는 두 개 이상의 개체가 특정 문제나 상황에 대해 입장을 표명하고 의견을 조율하는 과정을 거쳐 공통의 목표나 결론에 이르는 과정을 의미한다. 이 과정에서 네트워크 참여자들 사이에 협상, 토론, 타협 등을 바탕으로 시스템이 구축되며 이러한 시스템은 혁신 공간에서 혁신이 이루어질 수 있는 환경을 제공한다. 합의 공간에서 신뢰를 기반으로 한 효율적인 소통은 이후의 협력적 관계 형성에 중요한 역할을 한다.

트리플 헬릭스 모형에서의 혁신은 새로운 제품이나 아이디어, 서비스 등을 창출하고 적용함으로써 기존의 것을 개선하거나 변화시키는 것을 의미한다. 이러한 의미에서의 혁신은 연구 활동을 기반으로 한 제품 개발이나 기술 상용화를 목적으로 하는 산업영역에서 주로 다루어진다. 그러나 여기서 제안하는 '지역사회 연계 네트워크 모델'에서는 실제로 행동하고 적용하는 과정을 거쳐 변화를 이끌어 내는 것에 초점을 둔다. 이러한 변화는 네트워크 참여자들이 의도하는 목표 자체가 될 수도 있고, 목표를 실현하기 위한 단계로서의 변화일 수도 있다. 이 모델에서는 네트워크 참여자들이 지식 공간과 합의 공간에서 도출한 새로운 지식이나 목표를 위한 계획 또는 전략을 효과적으로 활용하게 된다. 혁신 공간에서 이루어지는 변화는 새롭게 지식 공간과 합의 공간에서 다루어질 수 있으며, 이러한 과정에서 네트워크 참여자들은 세 공간 사이를 활발하게 이동한다.

지역사회 연계 네트워크는 네트워크 참여 주체들의 다양한 상호 작용 과정의 수준과 범위에 따라 네트워크, 협조 네트워크, 협력 네트워크, 그리고 협업 네트워크로 성장한다. 지역사회 연계 네트워크 모델은 이러한 네트워크의 진화 단계를 구체적으로 잘 설명할 수 있다.

아무런 상호 작용을 하지 않는 주체들은 각자의 목적에 따라 의사소통을 시작하고 정보와 의견을 교환하면서 가장 기본적인 네트워크를 형성한다. 예를 들어, 지역사회와 함께하는 탄소 중립 실천 프로그램을 기획하기 위해 기업이 대학과 함께 소통하고, 그 사이에 지역 초·중등학교가 참여하면서 탄소 중립 실천 교육을 목표로 하는 네트워크가 형성되는 것이다.

이러한 관계는 상호 작용의 수준이 높아지고 그 범위가 넓어지면서 협조 네트워크로 성장한다. 이때 네트워크 참여자들은 각자의 목적에 맞는 교육 프로그램을 위해 단순히 의견을 공유하는 것을 넘어 다른 주체들과 의견을 조율하고 합의하게 된다. 예를 들어, 청소년 환경정책 제안 프로그램에서 대학교는 교육 프로그램 활성화, 지자체는 실질적인 환경정책 도출, 지역 초·중등학교는 학생들을 위한 양질의 교육을 목적으로 하기 때문에 각 주체의 목적을 효과적으로 이루기 위해 서로 의견을 조율하고 합의하는 과정이 필수이다. 이러한 조율 네트워크에서는 세부적인 기획과 운영에 이견이 있거나 갈등이 생길 때, 이것을 효과적으로 해결하는 것 또한 매우 중요하다. 네트워크 내에서 이러한 조율 및 중재의 역할을 하는 핵심 주체에 대해서 그 개념이 명확히 정의되고 있지는 않지만, 실천공동체(Community of Practice: CoP) 사이에서 일어나는 상호 작용과 관련하여 '경계 객체(boundary object)', '중개자(broker)', '중개활동(brokering)'의 개념을 활용하여 설명할 수도 있다(Kazemi & Hubbard, 2008; Park et al., 2024; Wenger, 1998; Wenger-Trayner et al., 2019). 또 다른 연구에서는 이러한 중개자를 '안무가(choreographer)'에 비유하기도 하였다(Shuman & Twombly, 2010). 경영 분야 연구에서는 'boundary spanner'라는 개념을 활용하여 국제 관계에서 이동하며 지식이나 역량 자원을 전달하여 조직의 성장을 촉진하는 역할을 강조하기도 하였다(Roberts & Beamish, 2017). 박병열 외(2024)는 이 역할을 '경계조율주체(boundary spanner)'로 명명하고, '협업을 위한 네트워크 내에서 공동의 목표를 이루기 위해 참여 주체들의 소통을 리드하고, 상호 작용을 지원하며, 갈등을 중재함으로써 관계를 성장시키는 협업 네트워크의 핵심 참여 주체'로 정의하였다.

협조 네트워크는 각 주체 사이의 상호 작용이 구체적인 업무로 확장되어 여러 가지 기능을 포함하게 되면서 협력 네트워크로 성장한다. 상호 작용을 통한 기능은 크게 지식, 합의, 혁신 기능으로 나누어진다. 지식 공간, 합의 공간, 혁신 공간의 세 영역 안에서 주체들 사이의 상호 작용을 바탕으로 각각의 기능이 활발하게 일어난다. 주체들은 상호 작용을 통해 각 기능 공간 안에서 지식을 생성·공유·확장하기도 하고, 합의를 바탕으로 의사 결정에 도달하며, 기존의 방법과 틀을 벗어나 혁신을 이루게 된다.

마지막으로 협업 네트워크에서는 참여 주체들이 공동의 계획을 바탕으로 교육 프로그램을 실행하고 그것을 평가하여 네트워크 주체들이 새롭게 성장하는 발판을 마련한다. 이 과정에서의 상호 작용은 상호의 존적이며 그 결과물은 공동의 가치를 가진다. 예를 들어, 연극을 통한 교육 프로그램의 경우, 대학교 및 지역사회 극단과 지자체 및 지역 환경교육센터, 그리고 초·중등학교는 프로그램의 기획과 운영을 통해 기존에 존재하지 않던 새로운 교육 프로그램을 만들고 그 가치를 새롭게 창조한다. 이러한 가치는 해당 네트워크 주체들과의 협업을 통해서만 얻을 수 있는 결과물로 특수성을 가지며, 나아가 비판적 성찰을 바탕으로 새로운 협업을 위해 역량을 기르고 성장하는 데 중요한 자원으로 작용한다.

이 모델을 활용하면 지역사회가 참여하는 다양한 형태의 네트워크 협력을 이해할 수 있다. 예를 들어, Y시에서 대학과 학교, 그리고 지자체가 협력하여 환경교육 프로그램으로써 청소년 환경 포럼을 기획할 때, 대학과 학교, 지자체는 청소년 환경 포럼을 통해 이루고자 하는 공동의 목표를 위해 지식 공간, 합의 공간, 혁신 공간 안에서 상호 작용한다. 이들은 지식 공간에서 기존의 경험이나 학습을 바탕으로 한 지식을 공유하고, 프로그램 기획이나 운영을 위해 합의 공간과 다양한 영역에서 의사 결정을 한다. 청소년 환경 포럼을 통해 청소년 환경 행동 실천이라는 공동의 목표를 이룰 수 있으며, 이는 혁신 공간에서 지역사회의 변화와 함께 혁신을 이끌어 낸다. 청소년 환경 포럼을 통해 혁신을 이루어 낸 경험은 대학과 학교 그리고 지자체에 또 다른 새로운 지식으로 습득되며, 이후에 또 다른 네트워크 협력에서 활용될 수 있다.

지역사회와의 네트워크 형성과 활용에 있어서 경계조율주체의 역할이 매우 크다고 볼 수 있다. [그림 3-2]에서 A, B, C의 주체들 중심에 ⓑⓢ로 표현된 경계조율주체는 A, B, C의 네트워크 참여자들이 지식 공간, 합의 공간, 혁신 공간에서 상호 작용할 때 그들 사이에서 갈등이 생기지 않도록 혹은 갈등을 원활히 조율할 수 있도록 돕는 역할을 한다. 주체 A, B, C는 함께 네트워크를 형성하기는 하지만 엄밀히 다른 주체 혹은 기관을 의미하기 때문에 공동의 목표를 가지고 있더라도 서로 다른 관점을 가지고 있을 수 있다. 이때 bs는 그들의 서로 다른 관점을 이해하고 그들 사이에서 소통과 협력을 촉진하는 형태로 갈등을 해결해 나간다. 예를 들어, 대학과 학교 및 지역사회의 네트워크 협력 과정에서는 대학과 학교 및 지역사회의 이해관계를 적절히 조율할 수 있는 교육연구소나 연구원 등이 그 역할을 할 수 있다. 이러한 역할을 하는 경계조율주체가 대학, 학교, 지역사회의 경계를 넘나들며 이해관계자들 사이에서 공통된 이해를 조성할 때 해당 네트워크의 목표 달성이 촉진된다.

참고문헌

김경애. (2009). 교육복지 네트워크에서 네트워커 역할의 의미 탐색 – 교육복지투자우선지역 지원사업 학교에서의 실천사례를 중심으로. 평생교육학연구, 15(4), 478–502.

김현아. (2020). 간호대학생의 봉사학습 프로그램 경험에 대한 현상학적 연구. 인문사회 21, 11(6), 1453–1468.

박병열, 오현정, 김서현, 손연아. (2024) 환경·지속가능발전 교육을 위한 협업 네트워크 모델 탐색. 과학교육연구지, 48(3), 182–197.

손가현, 김유나. (2020). 서비스러닝 교과목이 대학생의 시민성 형성에 미치는 효과. 청소년학연구, 27(6), 101–130.

송길영. (2023). 시대예보: 핵개인의 시대. 서울: 교보문고.

이순덕, 전희정. (2023). 지역사회 연계 서비스러닝의 효과 분석. 인문사회 21, 14(1), 1831–1845.

최재혁, 손연아. (2024). 예비교사를 대상으로 한 서비스러닝의 전공 융합 및 실천공동체적 특징 분석. 환경교육, 40(4), 357–391.

Casas, R., De Gortari, R., & Santos, M. J. (2000). The building of knowledge spaces in Mexico: A regional approach to networking. *Research Policy, 29*(2), 225–241.

Currid, E. (2007). *The warhol economy.* Princeton, NJ: Princeton University Press.

Etzkowitz, H. (2002). *MIT and the rise of entrepreneurial science.* London:

Routledge.

Etzkowitz, H., & Leydesdorff, L. (2000). The dynamics of innovation: from National Systems and "Mode 2" to a Triple Helix of university-industry-government relations. *Research Policy, 29*(2), 109-123.

Garcia Lopez, L. M., Gutierrez, D., Gonzalez-marti, I., Segovia, Y., & MacPhail, A. (2023). Enhancing sport education experiences through service-learning. *European Physical Education Review, 29*(2), 215-232.

Hamilton, W. B. (1966). The research triangle of North Carolina: A study in leadership for the common weal. *South Atlantic Quarterly, 65*(2), 254-278.

Kazemi, E., & Hubbard, A. (2008). New directions for the design and study of professional development: Attending to the coevolution of teachers' participation across contexts. *Journal of Teacher Education, 59*(5), 428-441.

Leydesdorff, L., & Ivanova, I. (2016). "Open innovation" and "triple helix" models of innovation: Can synergy in innovation systems be measured?. *Journal of Open Innovation: Technology, Market, and Complexity, 2*(3), 11.

Park, B-Y., Campbell, T., Hanrahan, J., Dolma, T., Murray, E.,Russell, J., Bai, Y., & Lisy, E. (2024). Teacher leadership within a districtwide STEM teacher professional network. International Journal or Leadership in Education. URL=https://doi.org/10.1080/13603124.2024.2330553

Puig, J. M., Battle, R., Bosch, C., & Palos, J. (2007). *Aprendizaje servicio: educar parala ciudadania*. ZCentro de Investigacion y Documentacion Educativa.

Ranga, M., & Etzkowitz, H. (2013). Triple helix systems: An analytical framework for innovation policy and practice in the knowledge society. *Industry and Higher Education, 27*(4), 237–262.

Roberts, M. J., & Beamish, P. W. (2017). The scaffolding activities of international returnee executives: A learning based perspective of global boundary spanning. Journal of Management Studies, 54(4), 511–539.

Shuman, J., & Twombly, J. (2010). Collaborative networks are the organization: An innovation in organization design and management. Vikalpa, 35(1), 1–13.

Waters, S., & Anderson–Lain, K. (2014). Assessing the student, faculty, and community partner in academic service–learning: A categorization of surveys posted online at campus compact member institutions. *Journal of Higher Education Outreach and Engagement, 18*(1), 89–122.

Wenger, E. (1998). Communities of practice: Learning as a social system. Systems Thinker, 9(5), 2–3.

Wenger, E. (1998). Communities of practice: Learning, meaning and identity. Cambridge University Press.

Wenger–Trayner, B., Wenger–Trayner, E., Cameron, J., Eryigit–Madzwamuse, S., & Hart, A. (2019). Boundaries and boundary objects: An evaluation framework for mixed methods research. *Journal of Mixed Methods Research, 13*(3), 321–338.

Chapter

04

환경 · 지속가능발전교육의 이해

01

지속가능발전교육

지속가능발전의 의미와 다차원성

지속가능발전(Sustainable Development: SD)은 1987년 유엔환경계획(United Nations Environment Program: UNEP)의 세계환경개발위원회(World Commission on Environment and Development: WCED)가 발표한 '우리 공동의 미래' 보고서에서 처음으로 소개되었다. 이 보고서는 브룬트란트 보고서로도 알려져 있으며, 환경정책과 개발 전략을 통합하는 기반을 제공하였다. 지속가능발전은 인류의 현재와 미래를 고려하여 사회, 경제, 환경, 문화 등의 다양한 측면에서 발전을 추구하는 개념이다.

이 개념은 인류의 삶의 질과 환경 보호의 필요성을 강조하며, 모든 지구적 쟁점이 상호 연관되어 있음을 강조한다. 또한 경제적 발전만큼이나 인류와 환경의 질을 유지하는 것이 중요하며, 장기적인 경제발전은 환경과 사회적 요소를 함께 고려해야 한다는 점을 강조한다. 이러한 관점에서, 지속가능발전은 환경뿐만 아니라 사회적 평등과 경제적 발전을 포괄하는 개념으로 발전하였다. 브룬트란트 보고서는 이러한 개념을 확장하여 사회 정의와 환경 보호를 결합한 새로운 성장 모델을 제시하였다. 이 모델은 빈곤 퇴치와 자원의 공정한 분배를 강조하며, 현세대와 미래 세대를 모두 고려하는 사회적 발전을 목표로 한다(WCED, 1987; 정지범, 2012).

이러한 관점에서, 1992년 리우데자네이루에서 열린 유엔환경개발회의(United Nations Conference on Environment and Development: UNCED)에서 채택된 '환경과 개발에 관한 리우 선언'은 지속가능발전을 실현하기 위한 행동 원칙을 제시하였다. 리우 선언의 주요 원칙 중 첫째는 '인류는 자연과 조화를 이루면서 건강하고 생산적인 생활을 할 권리가 있다'이며, 둘째 원칙은 '각국은 자국의 자원을 개발할 권리를 지니는 동시에 다른 국가의 환경에 손상을 주지 않도록 할 책임이 있다'는 것이다. 셋째 원칙은 '개발 권리의 행사는 현재와 미래 세대의 개발과 환경상의 필요성을 충족시키는 범위 내에서 가능하다'는 것이다. 마지막으로, '환경 보호와 경제적 발전은 조화롭게 추진되어야 한다' 등이 있다.

이러한 원칙들을 실천하기 위해 '21세기 지구환경실천강령(Agenda 21)'이 채택되었다. 이는 지속 가능성을 달성하기 위해 지구, 국가, 지역 차원에서의 협력과 참여를 강조하는 과정을 제시한다. 이를 통해 지구 환경의 보호와 개발의 균형을 이루며 지속 가능한 미래를 창조하는 데 기여할 수 있다.

2015년 UN은 'SDGs'를 채택하였고, 이 중 목표 4는 질 높은 교육을 통해 모두가 평생 학습의 기회를 얻도록 하는 것이다. 특히 목표 4.7은 2030년까지 모든 학습자가 지속가능발전과 지구 시민의식을 촉진하는 데 필요 지식과 기술을 갖추도록 하는 것을 목표로 하고 있다.

지속가능발전의 특징 중 하나는 경제적인 측면만이 아니라 사회적,

환경적 측면을 모두 고려한다는 것이다. 2002년 요하네스버그에서 열린 지속가능발전 세계정상회의(World Summit on Sustainable Development: WSSD)에서는 이러한 다차원적인 접근이 강조되었다(정영근, 2002).

사회적 측면에서는 민주주의와 참여 시스템을 강조하며 사회적 제도와 역할을 이해하고 의견을 표현할 수 있는 기회를 제공해야 한다는 것이 중요하다. 환경적 측면에서는 사회적·경제적 정책을 접목하는 것이 필요하며 자원에 대한 인식과 환경의 민감성을 이해해야 한다. 경제적 측면에서는 경제발전이 환경을 훼손할 수 있다는 것을 이해하고 보다 친환경적인 기술을 발전시키고 보급해야 한다. 또한 생산과 소비의 균형을 맞추고 환경과 사회 정의를 고려한 경제 성장을 추구해야 한다.

지속가능발전의 구성 개념과 속성은 여전히 논의되고 있으며, 최근의 연구에서는 연속성, 양적 변화, 질적 변화로 정리되고 있다(장석길, 2023).

[그림 4-1]은 지속가능발전의 다차원성을 나타낸다. 지속가능발전 개념의 속성으로는 환경과 개발의 균형 상태를 나타내는 '연속성'과 자원의 생산 및 소비에 관한 '양적 변화', 그리고 자원 이용의 형평성을 의미하는 '질적 변화'가 도출될 수 있다. 이는 자원의 생산 및 소비에 대한 양적 증감을 넘어 자원의 공평한 분배에 초점을 두며, 나아가 인간의 복지 수요와 생태계의 수용력이 균형을 이룰 수 있는 형태의 발전을 목적으로 함을 나타낸다. 지속가능발전 개념의 핵심은 환경적 측면에만 초점을 맞추는 지속 가능성과 경제적 측면을 중심으로 한 지속가능성장 사이에서 차별화되며, 환경과 개발을 통합적으로 관리하려는 균형 잡힌 접근 방식을 제시하는 것으로, 이는 연속성으로 나타난다. 또한 지속가능발전(SD)의 양적 변화는 지속가능성장과 동일하게 자원 생

그림 4-1 지속가능발전의 구성 개념 및 속성

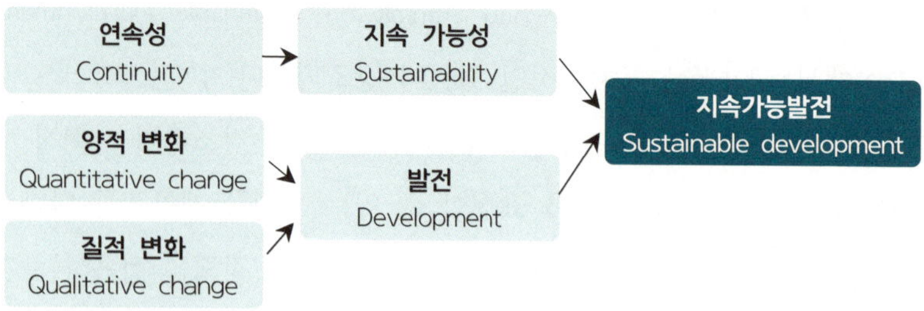

자료: 장석길, 2023

산 및 소비에 초점을 두고 있으나, 자원의 분배에 대한 형평성 관점을 통해 질적 변화에 대한 고려가 함께 이루어진 발전을 의미한다는 것을 알 수 있다(장석길, 2023).

지속가능발전교육의 중요성

지속가능발전교육(ESD)은 매우 포괄적이고 종합적인 특징을 지니고 있다. 이는 개인의 가치관, 사회적 인식, 국가적 차원의 철학적 변화가 필요하다는 것을 의미한다. 이러한 변화는 교육을 통해 이루어내야 한다는 것이 중요하다. 이에 부응하여 UNESCO는 2005년부터 2014년까지 '지속가능발전을 위한 교육의 10년(United Nations Decade of Education for Sustainable Development: DESD)'을 선포하고, 전 세계적으로 지속가능발전교육의 중요성을 강조하며, 교육 현장에서 이를 실천하기 위한 다양한 활동과 프로그램을 적극적으로 추진해 왔다.

지속가능발전교육은 '현대 세대와 미래 세대의 삶을 개선하고 유지하는 데 필요한 교육'으로 정의된다. 이는 사회·문화적 측면, 환경적 측면, 경제적 측면이 교육의 영역으로 포함된다(유네스코한국위원회, 2007: 2012). 이러한 교육은 모든 사람이 지속 가능한 미래와 사회 변혁을 위해 필요한 가치, 행동, 삶의 방식을 배울 수 있는 사회를 지향한다(UNESCO, 2005).

이러한 교육 접근법은 미래를 준비하는 데 중요한 역할뿐만 아니라 현재와 미래 세대 간의 균형을 추구하는 미래 지향적인 교육 방향을 제시한다. 학생들에게 미래에 필요한 핵심 역량을 개발하는 것뿐만 아니라, 현재와 미래 사이의 균형과 조화를 추구하는 것이 중요하다. 또한 인지적, 기능적, 정의적 영역을 동시에 강조함으로써 이렇게 다양한 교육 목표를 통합적으로 이루어내는 노력을 강조한다. 더욱이, 환경 문제를 해결하기 위한 대안을 모색하는 일은 창의적인 문제 해결력이 필요하므로, 교육부의 2022 개정 교육과정과 지속가능발전교육의 미래 비전이 연결될 수 있다.

지속가능발전교육(ESD)의 특징

지속가능발전교육(ESD)은 환경, 경제, 사회 측면에서 지속가능발전을 추구하며, 이를 위해 교육을 통한 지식, 기술, 가치, 그리고 생활 방식의 변화를 목표로 한다. 지속가능발전교육은 복잡한 글로벌 도전 과제에 대응하여 지속가능 미래를 위한 혁신적이고 통합적인 해결책을 찾기 위해 개인과 커뮤니티의 역량을 강화하는 데 중점을 둔다. 정규교육의 한계를 뛰어넘어 환경 의식의 발전과 생태 문화 형성을 위한 여건을 조성하는 평생 과정으로 다음과 같은 특징을 가지고 있다(Nasibulina, 2015).

첫째, 지식 향상 측면에서 학습자들이 지속가능발전에 필요한 여러 분야의 지식을 이해하고, 이를 활용하여 환경적, 경제적, 사회적 문제를 효과적으로 해결할 수 있는 능력을 개발하도록 한다.

둘째, 가치 변화는 지속가능발전교육에서 가장 중요하게 다루어야 하는 것으로, 지속가능 미래를 위한 새로운 가치관과 생활 방식을 촉진하며, 지속가능발전을 지지하는 태도를 형성한다. 이를 통해 개인과 사회가 환경과 인류의 복지를 우선시하는 결정을 내릴 수 있도록 돕는다.

셋째, 지속가능발전을 위해 필요한 비판적 사고, 문제 해결, 의사 결정 능력 등을 포함하는 다양한 역량을 개발한다. 이러한 능력은 개인이 복잡한 지속 가능성 문제에 대응하고, 효과적인 해법을 구현하는 데 중요하다.

넷째, 실천을 촉진하도록 학습자들이 지속가능발전에 기여할 수 있는 구체적인 행동을 취하도록 격려한다. 이는 재활용, 에너지 절약, 지속가능 소비 패턴 채택 등 일상생활에서 지속가능 선택을 포함한다.

다섯째, 정책 지원과 참여 증진을 통해 지속가능발전교육은 학습자들이 지속가능발전 정책의 형성과 실행에 참여하도록 격려함으로써, 보다 넓은 사회적 변화를 위한 기반이 된다. 이는 국내외 정책 결정 과정에 영향을 미치고, 지속가능발전을 위한 국제적 협력을 촉진하는 데 기여할 수 있다.

지속가능발전교육은 이러한 교육적 접근을 통해 개인이 지속가능발전의 핵심 참여자로서 역할을 할 수 있도록 지원하며, 지구적 규모의 문제 해결에 기여하는 능력 개발을 목표로 하여, 복잡한 도전에 대응하는 데 필수적인 역량을 제공한다.

지속가능발전교육의 흐름

지속가능발전교육의 흐름은 환경교육 확장과 국제 사회 변화의 필요성에 따라 발전해 왔다.

초기 단계는 지속가능발전교육 개념이 등장한 때로 볼 수 있다. 지속가능발전교육 개념은 1970년대 말에 환경교육의 확장으로 처음 등장하였다. 당시에는 주로 환경에 대한 지속 가능성에 초점을 맞추었으나, 점차 사회 및 경제적 측면이 통합되기 시작하였다. 이러한 변화는 1987년 세계 환경 및 개발 위원회(브룬트란트 보고서)에서 "우리 공동의 미래"를 통해 '지속가능발전'이라는 개념이 널리 퍼지면서 가속화되었다.

국제적 움직임도 활발해져, 1992년 브라질 리우데자네이루에서 열린 지구 정상 회의(United Nations Conference on Environment and Development: UNCED)는 지속가능발전교육에 중대한 전환점이 되었다. 이 회의에서 채택된 '아젠다 21'은 지속가능발전을 위한 교육의 중요성을 강조하였으며, 특히 제36장(chapter 36)은 지속가능발전을 위한 교육의 필수성을 명시하였다.

UNESCO는 2005년부터 2014년까지 지속가능발전의 국제적인 교육 노력을 주도하는 '지속가능발전을 위한 교육 10년(UN Decade of Education for Sustainable Development)'을 선포하면서 지속가능발전교육을 전 세계적으로 확산시키는 데 중요한 역할을 하였다. 이 동안에 많은 국가가 지속가능발전교육을 국가 교육정책에 통합하기 시작하였으며 다양한 교육 자료와 프로그램이 개발되었다.

2015년 UN은 SDGs를 채택하였다. 이는 전 세계 빈곤을 종식하고 지구를 보호하여, 2030년까지 모든 사람이 평화와 번영을 누릴 수 있도록 보장하기 위한 목표로, 여기에 포함된 17개의 SDGs 목표는 서로 밀접하게 연결되어 있다. 이는 인류의 보편적 문제(빈곤 종식, 질병, 교육, 성평등, 난민, 분쟁 등)와 지구환경문제(기후 변화, 에너지, 환경오염, 물, 생물다양성 등), 경제 사회 문제(기술, 주거, 노사, 고용, 생산, 소비, 사회구조, 법, 대내외 경제)를 2030년까지 17가지 주 목표와 169개 세부 목표로 해결하고자 이행하는 국제사회 최대 공동목표이다. 지속가능발전교육은 세계적 환경, 경제, 사회적 문제에 대 통합적 접근을 제공하며 지속 가능한 미래를 위한 교육의 필요성을 강조한다.

오늘날 지속가능발전교육은 전 세계적으로 다양한 수준에서 진행되고 있다. 학교, 대학, 비정부 기구 그리고 정부 기관들이 모두 지속가능발전교육을 통해 지속가능 미래를 위한 교육을 강화하고 있으며, 기술의 발전과 함께 온라인 학습 플랫폼과 가상 현실 등 새로운 교육 방식이 지속가능발전교육의 도달 범위를 확장하고 있다.

지속가능발전교육을 바라보는 여러 관점2)

첫째, 지속가능발전교육을 바라보는 시각은 선진국, 개발 도상국, 저개발국가별로 다를 수 있다. 지속가능발전교육은 주로 선진국의 관점에서 시작되었다고 볼 수 있다. 선진국에서의 지속가능발전교육은 환경 보호 활동에 중점을 두되, 경제와 사회적 측면도 고려하자는 것을 중심으로 하고 있다. 그러나 가난한 국가의 구체적인 상황에 대해 깊이 공감하려 하지 않고, 이러한 내용의 교육을 선호하지 않는 경향이 있다.

---

2) 이 절은 Nomura(2009)와 Iyengar & Bajaj(2011)의 연구를 종합한 것이다.

반면, 저개발국가에서의 지속가능발전교육은 국제적인 지원금을 받기 위한 수단으로 인식되기도 한다. 난민이나 가난한 국가의 문제를 우선으로 다루며, 환경보다는 경제와 사회 문제 해결에 더 많은 초점을 둔다. 그러나 환경교육 자체가 제대로 자리 잡지 못한 상황에서 지속가능발전교육에 접근하는 것은 쉽지 않은 일이다.

둘째, 지속가능발전교육을 바라보는 방식은 각 지역의 특성이나 지방자치의 정책에 따라 달라진다. 어떤 국가들은 환경교육이 국제적인 환경운동의 흐름을 따라 발전해 왔다. 이런 국가들에서는 환경교육이 상향식으로 성장하였는데, 이는 지역사회에서 시작된 환경운동이나 교육이 점점 확대되어 국가적인 차원으로 발전한 경우를 말한다. 이 경우, 지속가능발전교육은 환경교육과 병행되거나, 때로는 환경교육이 지속가능발전교육보다 더 우선시되기도 한다. 이러한 형태에서는 지속가능발전교육을 환경교육보다 한 단계 더 발전된 형태로 보며, 환경교육이 지속가능발전교육의 중심에 있다.

반대로, 환경교육이 제대로 자리 잡지 못한 국가에서는 하향식으로 접근하는 경향이 있다. 이런 곳에서는 정부나 상위 기관에서 정책이나 프로그램을 통해 환경교육을 시도하며, 이 경우 지속가능발전교육이 환경교육을 포함하고 있다. 하지만 이러한 접근은 환경교육이 지속가능발전교육의 한 부분으로만 여겨지거나, 때로는 지속가능발전교육이 환경교육의 핵심적인 요소를 충분히 담지 못하는 때도 있다. 특히, 저개발국가에서는 지속가능발전교육이 환경보다는 다른 주제, 예를 들어 경제나 사회 문제 해결에 더 중점을 두는 경향이 있다. 결국, 지속가능발전교육의 수용과 실행 방식은 해당 지역이나 국가의 환경교육에 대한 역사 배경, 정치 및 사회 상황에 따라 달라진다고 할 수 있다.

셋째, 지속가능발전교육은 우리가 살고 있는 세상의 사회·경제·환경이라는 세 가지 주요 영역에 대해 전반적으로 배우고 이해하는 교육을 말하며, 이 세 영역의 균형을 찾을 수 있는 능력을 기르는 교육이다. 이 교육은 UNESCO, UN 등의 국제기구를 통해 전 세계적으로 확산되고 있으며, UN이 정한 SDGs 달성을 그 목적 중 하나로 삼고 있다.

SDGs는 UN이 지속가능발전을 위해 전 세계적으로 추구해야 할 보편적이고 포괄적인 가치로 채택한 것으로, 서로 긴밀하게 연결되어 있다. 각 목표는 전 세계 모든 도시와 국가에 적용되며, 각 지역의 특성과 필요에 따라 다소 다르게 해석할 수 있다. 각 도시나 국가는 자신들이 마주한 중요한 문제에 따라 SDGs의 특정 목표를 더 우선으로 다룰 수도 있다.

한편, 지속가능발전교육에 대해 일부 사람들은 UN의 SDGs가 국제정치적인 요소를 포함한다고 주장한다. 그러나 이런 관점에 지나치게 얽매이기보다는 가치와 내용 면을 다양하게 제시하는지, 한 가지 측면에 편향되어 있는지에 대해 주목해야 한다. Sterling & Orr(2001)는 지속가능발전교육을 세 가지 관점으로 나누어 설명했다. 첫 번째는 '지속 가능성에 대한 교육(Sustainability about Education: SabE)'으로, 이는 지속 가능성을 이분법적이거나 편향된 내용으로 다루는 교육을 말한다. 두 번째는 '지속 가능성을 위한 교육(Education for Sustainability: EfS)'으로, 보편적인 내용을 담고 있지만 여전히 특정 가치를 강조하는 경향이 있다. 이때 '지속가능발전교육'과 '지속 가능성을 위한 교육'은 반드시 같은 의미가 아니며, 학문적 맥락에서 자주 혼용되어 사용된다. 마지막으로, Sterling & Orr(2001)가 제안한 이상적인 형태는 '지속 가능성에 의한 교육(Education as Sustainability: EasS)'이다. 이는 사회, 경제, 환경이라는 세 영역을 균형 있게 고려하며, 특정 가치나 내용에 치우치지 않는 교육을 의미한다.

02

환경교육과 지속가능발전교육의 관계

환경교육과 지속가능발전교육의 관계 모형

환경교육과 지속가능발전교육은 많은 역할과 중요성을 공유한다. 이 두 교육 분야는 글로벌 환경 문제에 대응하는 방법으로 교육의 중요 역할을 강조하면서 서로를 보완하고 강화할 수 있는 여러 방법을 제공한다. 학자에 따라 환경교육과 지속가능발전교육을 보는 견해는 다른데, 그림과 같이 4가지 정도의 유형으로 구분해 볼 수 있다.

[그림 4-2]의 a에서 환경교육과 지속가능발전교육은 서로 겹치는 영역이 있는 별도의 교육 분야로 인식된다. 이 그림의 b에서 지속가능발전교육은 환경교육을 흡수하고 그 경계를 확장하는 것을 의미한다. 그리고 같은 그림의 c에서 환경교육과 지속가능발전교육은 두 개의 별도 분야로 인식되며, 환경교육은 지속가능발전교육의 기초를 구성하지만 지속가능발전교육은 그 자체로도 발전해 온 것을 나타낸다. 네 번째 유형의 관계는 완전한 중첩이다([그림 4-2]의 그림 d). 그러나 이러한 용어 이해 방식 차이와 관계없이 중요한 것은 교육학적 실천에 있으므로

그림 4-2 환경교육과 지속가능발전교육의 관계

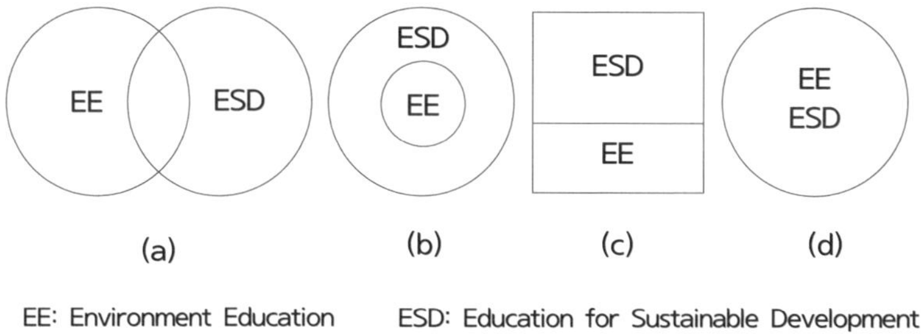

자료: Eilam & Trop, 2011

환경교육과 지속가능발전교육은 같은 맥락으로 이해할 수 있다.

환경교육과 지속가능발전교육은 여러 측면에서 [그림 4−2]의 d와 같은 관계로 생각할 수 있다. 첫째, 환경교육과 지속가능발전교육은 모두 환경 문제 해결에 초점을 맞춘다. 환경교육은 환경 문제의 심각성을 인식하고, 환경 문제 해결에 대한 책임감을 갖도록 함으로써 환경 문제 해결에 기여하며, 지속가능발전교육은 환경 문제의 원인과 결과를 깊이 이해하고, 지속 가능한 해결 방안을 통합적으로 모색할 수 있게 한다.

둘째, 두 교육 모두 지속 가능한 사회 실현을 목표로 한다. 환경교육은 지속가능발전 개념을 이해하고, 지속 가능한 사회를 만들기 위한 가치관과 태도를 형성하도록 함으로써 지속 가능한 사회 실현에 기여하며, 지속가능발전교육은 미래 세대를 위해 지속 가능한 사회를 만들기 위한 지식과 실천 능력을 키워 지속 가능한 미래를 만들 수 있게 한다.

셋째, 포괄적 교육 방법을 사용한다. 두 분야 모두 토론이나 토의, 현장 학습, 시스템사고 기반 학습, 지역사회 연계 학습, 프로젝트 기반 학습 등 다양한 교육 방법을 사용하여 학습자의 참여와 실천을 유도하고, 복잡한 환경 문제에 대한 깊은 이해를 목표로 한다.

환경교육이 주로 자연과 직접적인 인간 활동에 초점을 맞춘다면, 지속가능발전교육은 보다 광범위한 사회적, 경제적, 환경적 요소를 모두 아우르는 교육이다. 그러나 오늘날의 환경 문제는 개인과 지역 차원을 넘어서 국제적인 이슈이며 단순히 기후, 환경뿐만 아니라 정치, 경제, 문화 등 인간 삶의 모든 면에 영향을 주고 있다. 두 교육 분야 모두 현대 사회가 직면해 있는 복잡한 도전을 이해하고 대응하는 데 중요한 역할을 하며, 결국 지속가능 미래를 위한 필수적인 요소로 자리 잡고 있다.

환경교육과 지속가능발전교육의 통합적 접근

지구상의 환경과 교육을 역사적 관점에서 살펴본다면 19세기 후반 자연 보호 교육을 시작으로 1960년대의 환경교육, 1990년대 지속 가능성교육을 거쳐 현재 환경·지속가능발전교육으로 변화하였다. 환경·지속가능발전교육은 지속 불가능한 사회 구조에 대한 비판, 세계 시민의식과 지역 정체성에 초점을 두고 지속 가능한 삶을 기본으로 삼아 가치와 구조를 바탕으로 하는 사회, 이들 간의 보다 관계적인 존재 방식으로 전환하고자 하는 것이다(Wals & Benavot, 2017). 환경교육과 지속가능발전교육 모두 단순히 인류가 자연에 대해 학습하는 것보다는 인간과 비인간적 세계와의 관계를 이해하고 궁극적으로 우리 자신과 자연에 대해 배우는 것을 강조하고 있다(Hume & Barry, 2015).

앞서 살펴본 바와 같이, 환경교육과 지속가능발전교육은 각각 독특한 특성과 목표를 가지고 시작되었지만, 현대 사회에서 직면하고 있는 환경, 경제, 사회적 이슈를 해결하는 데 있어서 서로 강력하게 보완하는 역할을 한다. 이 두 교육 분야의 통합은 교육자와 학습자에게 보다 포괄적이고 심층적인 학습 경험을 제공하며, 단순 문제 인식을 넘어서 실질적이고 지속 가능한 해결책을 모색한다(Jones et al., 2010; Orr, 2004; UNESCO, 2014).

환경교육과 지속가능발전교육을 통합적으로 접근하는 것은 현대 사회가 직면해 있는 복잡한 글로벌 문제들을 효과적으로 해결하는 데 중요한 전략이다. 이 두 교육 분야의 통합은 환경·경제·사회의 지속가능발전을 도모하며, 학습자들이 보다 균형 잡힌 시각을 갖고 다양한 문제에 대응할 수 있도록 한다. 통합적 접근은 복합적 문제에 대한 이해를 증진한다. 현대 사회의 문제들은 경제·사회·환경이 서로 긴밀히 연결되어 있다. 예를 들어, 기후 변화는 단지 환경 문제만이 아니라 경제적, 사회적 문제도 함께 수반한다. 환경교육과 지속가능발전교육을 통합하면, 이러한 복합적 문제에 대한 깊이 있는 이해와 효과적인 해결책 모색이 가능하며, 정책 및 실천에 대한 적용을 강화할 수 있다. 통합적 교육 접근은 또한 이론과 실천을 연결하는 데 도움을 준다. 학습자들은 이를 통해 지속 가능한 정책 개발, 프로그램 설계 및 실행에 필요한 지식과 기술을 배우고 익히게 되며, 실제 환경과 사회 발전 정책에 적극적으로 참여할 수 있게 된다. 이러한 통합교육은 개인의 일상생활 속에서 지속 가능한 결정을 내리고 행동을 취할 수 있는 능력을 개발할 수 있으며, 이는 에너지 사용 최소화, 자원 재활용, 지역사회 참여 등 지속 가능한 생활 습관 형성을 가능하게 한다.

환경교육과 지속가능발전교육의 통합된 교육 접근은 환경 문제를 다루는 전통적인 방법을 넘어서 경제적·사회적 차원을 포함함으로써, 학습자들이 복잡한 글로벌 이슈에 대한 균형 잡힌 시각을 개발할 수 있도록 한다. 이는 학습자들이 더 넓은 범위의 사회적·경제적 문제에 대해 깊이 이해하고, 이러한 문제들에 대응할 수 있는 실질적인 기능과 전략 학습에 중요하다.

결국, 환경교육과 지속가능발전교육의 통합은 단지 교육적 목표를 넘어서 사회 전반에 걸쳐 지속 가능한 변화를 이끄는 역할을 한다. 이는 글로벌 시민으로서의 의식을 강조함에 따라 학습자들은 전 세계적인 문제에 대한 이해를 바탕으로, 지역 및 글로벌 차원에서 지속가능발전을 위한 책임감을 느끼게 된다. 이는 모든 교육 관계자들에게 중요한 책임과 기회를 제공하며, 지속가능발전의 범지구적 목표를 달성하는 데 있어 교육이 핵심적인 역할을 할 수 있음을 강조한다. 전통적인 환경교육이 주로 생태계 보호와 자원 관리에 초점을 맞춘 것과 다르게 환경교육과 지속가능발전교육의 통합적 접근은 환경 문제의 경제적·사회적 측면을 함께 접목하여 교육의 범위와 효과를 증대시킨다.

03

환경·지속가능발전교육의 의미와 추구하는 역량

환경·지속가능발전교육의 의미

환경교육은 우리가 환경에 대해 배우고 실천하는 기본이 되는 분야로, 지속가능발전교육의 출발점이라고 볼 수 있다. 이 두 분야는 같은 목표, 즉 지속 가능한 미래를 향해 나아가기 위해 환경을 보호하고 개선하는 방법을 찾는 것을 공유한다. 환경교육이 발전하면서, 사람들이 일상생활에서 마주하는 경제적·사회적 문제를 해결함으로써 환경친화적인 행동을 촉진하려는 목표가 생겼다. 이런 접근은 환경교육뿐만 아니라 환경운동 전반에 영향을 미쳤다.

환경교육과 지속가능발전교육이 사회, 경제, 환경의 세 가지 주요 영역을 아우르는 이유는 환경 보호가 결국 인간에게 혜택을 준다는 인본주의적 가치에서 비롯된다. 이러한 접근은 환경 보호를 촉진하기 위한 새로운 전략으로, 지속가능발전교육을 환경교육의 발전된 형태로 볼 수 있게 한다. 그러나, 여러 연구에서는 인간 중심의 가치만을 고려하는 것이 아니라, 생태주의적 관점도 함께 고려해야 한다고 강조한다

(Kopnina, 2018; Leopold, 1986; Sagoff, 2007; Regan, 1981; 신지연과 최돈형, 2012). 따라서 인간과 비인간을 모두 포함하는 광범위한 생태계의 건강과 복지를 고려하는 것이 중요하다. 이런 다양한 관점은 환경교육과 지속가능발전교육을 더욱 풍부하고 포괄적으로 만들어, 우리가 모두 지속가능한 미래를 향해 나아갈 수 있도록 돕는다.

그러므로 이 책에서 사용하는 환경 · 지속가능발전교육이라는 용어는 환경교육의 발전된 모습을 나타내며, 지속가능발전교육이 그러하듯 사회·경제·환경을 모두 아우르는 교육이라는 의미를 나타낸다. 또한, 이 교육 형태는 철학적으로 논의되고 실천적 연구로 발전되는 초학문적 접근을 바탕으로 하는 교육의 모습을 가져야 한다.

마지막으로 중요한 것은, 우리가 사회·경제·환경의 가치를 균형 있게 고려하는 노력을 기울여야 한다는 점이다. 사회·경제·환경 중 어느 분야에 중요성의 가중치를 둘지 이해관계자에 따라 다를 수 있지만, 교육에서는 사회 문제, 경제 문제, 환경 문제 등 다양한 주제를 다룰 때 특정한 관점만을 강조하는 것이 아니라, 각 주제 내에서 사회·경제·환경의 가치가 균형을 이룰 수 있도록 고려해야 한다. 이는 교육이 단순히 특정 문제를 전달하는 것을 넘어, 사회·경제·환경적 가치를 균형 있게 통합하여 지속 가능성을 고려하는 시각을 기르는 데 초점을 맞추어야 함을 시사한다.

결국, 환경 · 지속가능발전교육은 모든 세대를 아우르며 환경뿐만 아니라 사회 · 경제적 가치의 균형을 추구하는 변혁적인 교육이라고 할 수 있다. 효과적인 교육을 위해 삶의 문제를 학교 현장에 도입하고, 이를 해결하며 모든 세대에서 사회와 경제 그리고 환경을 함께 고려하는 다양한 철학적 논의와 실천적 연구를 통해 지속적인 변화를 추구해야 하는 교육이다. 정리하자면, 환경·지속가능발전교육은 '학습자로 하여금 환경적, 경제적, 사회적 지속 가능성을 위해 지식, 기술, 가치 및 태도를 함양하고, 지속 가능한 사회를 위한 책임 있는 행동에 대해 합리적인 의사결정을 통해 실천할 수 있도록 하는 교육(박병열 외, 2024)'이라고 할 수 있다.

환경·지속가능발전교육의 다양한 접근 방식

현재 미래 세대는 기존 세대가 자원을 고갈시키고 기후 위기를 초래하였기 때문에 생존할 권리를 침해당하고 있다고 볼 수 있다. 어린이와 청소년은 기후 변화의 이해 당사자이므로 미래 세대의 존재를 보장하는 기본적인 권리인 환경 학습권을 요구할 권리가 있다. 이를 위한 환경·지속가능발전교육의 방법은 다양한데, 몇 가지 주요 접근 방식을 살펴보면 다음과 같다.

첫째, 생활 속 실천 측면에서 접근할 수 있다. 환경 문제를 해결하기 위해서는 사람들의 생활 양식이 변해야 한다. 예를 들어, 텀블러나 손수건을 사용하는 등 생활 속 실천 100가지를 모아 학교 교육과 연결하는 시도를 예로 들 수 있다.

둘째, 교육과정 개발 측면에서 접근할 수 있다. 환경·지속가능발전교육을 위한 교사들이 자발적으로 교육과정 안에서 환경·지속가능발전교육을 할 수 있도록 교사 수준 교육과정을 재구성할 수 있도록 지원하고 학교 급별 과목에 맞는 다양한 환경·지속가능발전교육을 위한 교육과정을 개발하여 수업을 할 수 있는 여건을 마련해야 한다.

셋째, 사회적 실천 측면에서 접근할 수 있다. 개인적 실천을 넘어 사회 시스템의 변화가 필요하다. 이제 산업, 교통, 에너지 등 시스템을 바꾸기 위한 사회적 실천에 대한 고민과 함께 하나의 공동체로 대응할 수 있는 환경·지속가능발전교육으로 방향을 바꿔야 한다.

넷째, 다양한 교육 방법을 통해 접근할 수 있다. 단순히 환경 지식을 전달하고 몇 가지 활동에 참여하는 것만으로는 부족하다. 환경·지속가능발전교육에서는 야외 활동, 자연 탐험, 생태 여행 등을 통해 학생들이 직접 환경과 상호 작용하고 체험하는 기회를 제공할 수 있다. 이를 통해 학생들은 이론뿐만 아니라 현장에서 경험을 통해 환경 문제를 이해하고 그 중요성을 실감하게 된다. 또한 실제 일상생활이나 사회 속에서 발생하는 환경 문제에 대한 프로젝트를 수행하는 문제 중심 학습은 학생들이 질문을 제기하고 조사하며, 해결책을 모색하고 적용하는 과정을 통해 지속 가능한 해결책에 대한 이해를 증진할 수 있게 한다.

환경·지속가능발전교육은 다양한 교과목에 통합되어 종합적인 관점에서 환경 문제를 이해하는 데 도움을 줄 수 있다. 또, 사회 참여와 협력이 매우 중요하게 다루어진다. 지역사회와의 연계 활동을 통해 학생들은 지역사회의 환경 문제를 파악하고 해결하는 데 관심을 두고 기여할 수 있으며 지속 가능한 발전에 대한 현실적인 경험을 쌓을 수 있다. 최신 디지털 기술을 활용하여 학생들에게 환경 문제에 대한 정보를 전달하고 상호 작용하는 기회를 만드는 방법도 효과적이다. 온라인 자료, 교육용 앱, 가상 현실(VR), 증강 현실(AR) 등을 활용하여 학습 경험을 향상할 수 있다.

환경 문제의 원인과 발생 과정, 그리고 환경 문제로 일어나는 결과는 단순하지 않다. 여러 요인이 상호 작용하며 복잡한 현상을 만들어 낸다. 환경 변화와 생태계 상호 작용에 대한 모델링 및 시뮬레이션을 해

보는 시스템사고 전략을 통해 학생들이 복잡한 환경 시스템을 이해하고 그 영향을 예측하는 탐구를 할 수 있다. 다양한 국가와 지역의 환경 문제를 비교하고 분석하며, 학생들에게 지구적 시야를 제공하여 환경 문제의 국제적인 측면을 이해할 수 있게 하는 것도 중요한 방법이다.

이렇게 다양한 방법을 통해 환경·지속가능발전교육은 환경에 대한 인식을 높이고 환경 보전 행동을 촉진하며 지속 가능한 미래를 위한 기반을 마련하고 있다.

환경·지속가능발전교육이 추구하는 역량

기후 변화, 생물 다양성 손실, 사회·경제적 불공정과 같이 계속되는 지속 불가능성 문제 해결 방안을 탐구하고 실천하는 환경·지속가능발전교육의 목표를 달성하려면 전문가와 사회 전반에 새로운 역량이 필요하다. 이러한 지속 가능성 역량을 함양하기 위한 초·중등학교 및 대학의 지속 가능성 프로그램 수는 전 세계적으로 많이 증가하였으며, 이는 부분적으로 UN 지속가능발전교육 10년 계획에 의해 주도되었다.

지속가능발전 역량 프레임워크에 대해 이해하기 위해서는 먼저 '역량 프레임워크'라는 개념을 이해해야 한다. 이 용어는 역량을 조직적으로 개념화한다는 의미가 있다. 지속 가능성과 관련된 연구를 살펴보면 지속 가능성 역량은 실제 지속 가능한 문제, 도전 및 기회에 효과적으로 대응할 수 있게 하는 지식·기술·태도 및 가치들의 결합으로 정의된다(Wiek et al., 2011; Redman & Wiek, 2021; UNESCO, 2007).

간단히 말해, 지속가능발전 역량 프레임워크는 세계의 지속 가능성 문제 대응에 필요한 여러 요소를 체계적으로 조직하는 방법이다. 이러한 요소들은 우리가 지속 가능한 미래를 향해 나아가는 데 있어 필수인 지식, 기술, 태도 및 가치들을 포함한다.

일부 연구자들은 지속가능발전을 실현하기 위해 필수인 역량 프레임워크가 때때로 다양한 문화적, 지역적 배경을 충분히 고려하지 않는다고 지적하였다(Cebrian & Junyent, 2015; Demssie et al., 2019). 이에 반해, 다른 학자들은 지속 가능성을 위한 핵심 역량, 즉 어떤 맥락이나 분야에서든 필수인 역량에 초점을 맞춰 연구를 진행해 왔다(Brundiers et al., 2021; Wiek et al., 2011, 2016; Glasser & Hirsh, 2016; Rieckmann, 2012).

이 핵심 역량들은 서로 연관된 지속 가능성 역량을 포함하며, 다양한 상황에서 지속 가능한 도전과 기회에 대응하며 성공적인 결과를 달성하는 데 도움을 준다(Brundiers et al., 2021). 또한, 이러한 역량은 세계화, 인공 지능, 지속가능발전과 같은 현대 사회에서 대두되는 복잡한 이슈들로 그 중요성이 커지고 있다(Lambrechts et al., 2013; Mindt & Riekmann, 2017).

그동안 많은 연구자들이 지속 가능성 역량에 대한 프레임워크를 개발하였다. Wiek et al.(2011)이 제시한 지속 가능성의 핵심 역량에 관한 프레임워크를 검토하고, Brundiers et al.(2021)이 발표한 연구와의 관련성을 모색하고 추가로 필요한 역량을 생각해 보는 것은 의미있는 일이다.

Wiek et al.(2011)에서 제시된 프레임워크는 교육 프로그램 개발을 위한 지속가능발전의 핵심 역량에 집중하고 있으며, 이 분야에서 자주 인용되는 연구 결과 중 하나로 평가받는다(Brundiers et al., 2021).

이 연구에서 저자들은 비판적 사고, 의사소통, 다원적 사고, 연구 및 데이터 관리와 같은 일반적이거나 기본적인 역량에 초점을 맞추기

보다, 지속 가능성에 특화된 핵심 역량을 중점적으로 다루었다. 이는 앞서 언급한 역량들이 지속가능발전에 중요하지 않다는 뜻이 아니라, 이러한 역량들은 이미 정규 교육과정에서 다뤄지고 있으며, 지속가능발전교육에만 국한되지 않는다는 점에서 비롯된 결정이다.

연구진은 지속가능발전교육이 '학생들이 지속가능발전과 관련된 문제를 분석하고 해결하며, 미래의 도전을 예측하고 준비하는 역량을 기르는 데 초점을 맞춰야 한다'고 강조하였다. 또한, 지속가능발전을 위한 기회를 찾아내고 이를 효과적으로 활용할 수 있도록 지원해야 한다고 보았다. 다만, 이 연구에서 제시된 프레임워크는 주로 고등교육을 위해서 설계되었으며, 전체 학교 교육 수준에 보편적으로 적용되기에는 무리가 있다.

이 프레임워크에서 제시된 지속가능발전을 위한 다섯 가지 주요 역량은 시스템사고 역량, 예측 역량, 규범적 역량, 전략적 역량, 대인관계 역량이다. 이 역량들은 지속가능발전 문제를 해결하는 과정에서 독립적인 것이 아니라 상호 연결되어 있고 서로에게 의존한다고 볼 수 있다. 이후에, Wiek et al.(2016)은 여섯 번째 핵심 역량으로 통합적 문제해결 역량을 추가하였다. 이 추가된 역량은 2011년 연구에서 이미 논의하였던 개념을 더욱 발전시킨 것이다. Wiek et al.(2011)과 Wiek et al.(2016)에서 제시된 지속가능발전 핵심 역량은 다음 〈표 4-1〉과 같다.

두 번째로 살펴볼 역량 프레임워크는 Brundiers et al.(2021)에서 제시한 역량 프레임워크이다. 이 연구에서 전문가들은 기존에 정리된 프레임워크를 수용하고, 두 가지 새로운 역량을 추가하였는데, 이는 '자기 인지/이해 역량'과 '실행 역량'이다.

이상에서 언급한 8가지 핵심 역량에 대해, 저자들은 모든 역량에

표 4-1 지속가능발전의 핵심 역량

핵심 역량	정의
시스템사고 (Systems Thinking)	다양한 영역(사회, 환경, 경제 등)과 다양한 규모(지역, 국가, 세계)에 걸쳐 복잡한 시스템을 종합적으로 분석하여 연쇄적 효과, 관성, 피드백 루프 및 지속 가능성 문제와 관련된 시스템적 특징과 지속 가능성 문제 해결 프레임워크를 고려할 수 있는 능력
미래 예측/미래 사고 (Anticipactory/ Futures-thinking)	지속 가능성과 관련된 이슈를 다루고 문제를 해결하기 위해 질적, 양적 정보를 종합적으로 분석, 평가하고, 발생 가능한 미래의 상황을 다양하게 예측할 수 있는 능력
규범적/가치 사고 (Normative/ Values-thinking)	지속 가능성 가치, 원칙, 목표 및 세부 목표를 종합적으로 매핑, 구체화, 적용, 조정 및 협상하는 능력
전략적 사고 (Strategic-thinking)	지속 가능성을 향한 개입, 전환 및 혁신적 거버넌스 전략을 종합적으로 설계하고 구현하는 능력
상호 협력 (Inter-personal/ Collaboration)	협력적이고 참여적인 지속 가능성 연구 및 문제 해결에 동기를 부여하고 활성화하며 촉진하는 능력
통합적 문제 해결 (Integrated problem solving)	지속 가능성 문제 해결과 지속가능발전을 위한 5가지 핵심 역량을 의미 있게 적용하고 통합하는 메타 역량. 또한 문제 분석, 지속 가능성 평가, 비전 및 전략 수립을 의미 있게 통합하기 위해 복잡한 지속 가능성 문제에 다양한 문제 해결 프레임워크를 적용하는 능력

자료: Wiek et al. (2016) 등

공통으로 중요한 '가치 사고'를 가장 핵심적인 역량으로 강조하였다. 이는 프레임워크에 포함된 모든 역량이 '가치 사고'에 의해 방향이 잡히고, 프레임워크가 지닌 내재한 가치들을 명확하게 만들어 준다는 의미이다. 시스템사고를 가장 중요한 역량으로 보는 경우도 있지만(Demssie et al., 2019; Redman & Wiek, 2021; Rieckmann, 2012), 저자들은 '가치 사고'가 모든 역량에 스며들어 있어야 한다고 주장함으로써 이러한 관점을 뒷받침한다. 이러한 가치 사고는 프레임워크에 규범적인 지침을 제공함으로써, 지속 가능성을 향한 구체적이고 독특한 목적을 부여하고, 이를 통해 다른 프레임워크와 구별되는 특성을 갖게 한다.

이 역량 프레임워크의 핵심 목적은 학생들이 개인적인 삶, 진로, 그리고 지역사회에서 지속가능발전 문제 해결에 활용할 수 있도록 지원하는 데 있다(Brundiers et al., 2021; Wiek et al., 2011, 2016). 한편, 전문가들 사이에서 '자기 인지/이해 역량'과 '실행 역량'을 어떻게 설명할지에 대해 완전한 합의가 이루어지지는 않았다. '실행 역량'에 대해서는, 그 실용적이고 행동 지향적인 특성이 기존 인지적 접근과 일치하지 않을 수 있다는 의견이 있다. 반면, '자기 인지/이해 역량'에 대해서는 일부 전문가들이 지지하는 반면, 다른 이들은 '자기 인지/이해' 또는 '자기 효능감'과 관련된 것은 역량보다는 사고방식에 더 가깝다고 주장하기도 한다.

요약하면, 이 프레임워크는 학생들이 지속가능발전을 위한 전략 수립에 필요한 능력을 개발하도록 돕는 것을 목표로 하지만, 그 구성 요소들에 대한 전문가들 사이의 의견은 분분하다. '실행 역량'과 '자기 인지/이해 역량'에 대한 이러한 논의는 프레임워크를 개발하고 적용하는 과정에서 고려해야 할 요소 중의 하나이다.

마지막으로 살펴볼 역량 프레임워크는 [그림 4-2]에 표현된 Redman & Wiek(2021)의 프레임워크이다. 그들은 Wiek et al.(2011)의 연구를 바탕으로 삼아 지속 가능성 핵심 역량에 대한 포괄적인 프레임워크를 개발하기 위해 관련 문헌들을 검토하였다. 그들은 지속 가능한 변화를 촉진하기 위해 이 핵심 역량들이 단순히 나열되는 것이 아니라 서로 연결되고 통합되어야 한다고 강조하였다.

그림 4-2 지속 가능성 핵심 역량 통합 프레임워크

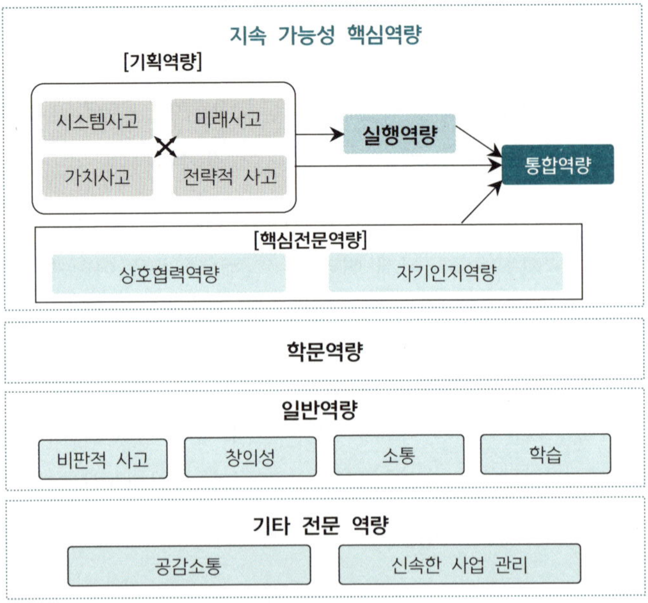

자료: Redman & Wiek, 2021을 재구성함

[그림 4-2]에서 보면, 시스템사고, 미래 사고, 가치 사고, 전략적 사고는 지속 가능성 실행 계획을 세우는 데 중요한 역할을 한다. 또한, 상호협력 및 자기인지와 같은 역량은 지속가능발전을 위한 핵심전문 역량으로, 장기적인 성공을 위한 협업과 자기 관리를 지원한다. 통합 역량은 지속 가능한 계획과 실행 노력을 할 수 있게 해 준다. 이상에서 설명한 역량의 정의는 〈표 4-2〉에 정리하였다.

지속가능발전의 핵심 역량을 보완하는 추가적인 역량은 내용 지식과 역량의 특이성에 따라 구분되는데, 이는 고등교육에서 중요시하는 특정 학문 분야나 주제에 관한 지식(학문 역량), 일반 역량, 그리고 다양한 전문 기술로 나뉜다.

표 4-2 지속가능발전을 위한 통합 핵심 역량

핵심역량	의미
시스템사고 (Systems Thinking)	모델링 및 복잡한 분석 접근법을 적용할 수 있는 능력: 1) 계단식 효과, 관성, 피드백 루프 및 기타 시스템 역학을 포함하여 다양한 영역(환경, 사회, 경제)과 다양한 규모(로컬에서 글로벌)에 걸쳐 복잡한 시스템과 지속 가능성 문제를 분석하고, 2) 지속 가능성 실행 계획 및 시스템과 문제를 변화시키는 방식을 분석함
미래 사고 (Futures-thinking)	시뮬레이션, 예측, 시나리오 및 비전을 세우거나 수행하는 능력: 1) 복잡한 시스템과 지속 가능성 문제의 미래 상황을 예측하고, 2) 지속 가능성 수행 전략이 실행될 경우, 미래에 어떻게 전개될지 예측
가치 사고 (Values-thinking)	지속 가능성 가치, 원칙 및 목표를 식별, 매핑, 구체화, 협상 및 적용하는 능력: 1) 복잡한 시스템의 현재 및 미래 상태의 지속 가능성 평가, 2) 이러한 시스템에 대한 지속 가능성 비전을 수립, 3) 개인의 가치와 지속 가능성 가치의 관계를 비판적으로 평가
전략적 사고 (Strategic-thinking)	지속 가능성을 향한 개입, 전환, 변화를 위한 실행 가능한 전략을 수립, 테스트하는 능력
실행 (Implementation)	지속 가능성 전략을 효율적인 방식으로 실행, 적응, 이전 및 확장하는 등 실행에 옮길 수 있는 능력
상호 협력 (Inter-personal)	분야 간 전문가팀 간에서 성공적으로 협업할 수 있는 능력, 지속 가능성 혁신을 추진하기 위해 다양한 이해관계자를 의미 있고 효과적인 방식으로 참여시킬 수 있는 능력
자기 인지 (Intra-personal)	회복 탄력 중심의 자기 관리(인식 및 자기 조절)를 통해 지속 가능성 혁신을 추진하는 데 있어, 통합적으로 문제를 파악하는 능력
통합 (Integration)	복잡한 지속 가능성 문제에 통합적 문제 해결 절차를 적용하는 능력: 1) 실행할 수 있는 지속 가능성 전략 개발, 2) 협력적이고 배려하는 방식으로 이를 성공적으로 실행

기후, 물, 에너지, 식량, 국제 개발에 대한 지식을 보유하는 등 학문 역량은 지속가능발전과 관련한 변화를 진전시키는 데 매우 중요하다.

일반 역량으로는 비판적 사고, 창의성, 효과적인 의사소통 능력,

그리고 학습 능력이 있다. 이는 모든 학문 분야에서 지속가능발전 혁신을 추진하는 데 필수이다. 마지막으로 기타 전문 역량에는 공감적으로 소통하고 프로젝트를 대응적으로 관리하는 능력이 포함된다.

지속 가능성 혁신을 촉진하기 위해 개발된 확장된 역량 프레임워크는 〈표 4-2〉와 같이 8가지 핵심 역량을 기반으로 하며, 여기에 학문 역량, 일반 역량, 그리고 기타 전문 역량으로 보완한다([그림 4-2]). 이 프레임워크는 단순히 선택할 수 있는 역량의 목록이 아니라, 지속 가능성 혁신을 실현하기 위해 모든 핵심 역량이 서로 연결되고 통합되어야 하는 구조로 되어 있다.

다시 정리하면, 시스템사고, 미래 사고, 가치 사고, 그리고 전략적 사고를 통해 지속 가능성 실행 계획을 세운다. 상호 협력과 자기 인지 역량은 협업과 자기 관리를 통해 이러한 계획과 실행을 성공적으로 끌어내는 데 필수이다. 마지막으로, 통합 역량은 지속 가능성 문제를 해결하기 위한 절차를 사용하여 협업적이고 자기 관리적인 계획 및 실행 노력을 일관되게 결합할 수 있도록 돕는다.

[그림 4-2]에서 보완된 역량은 두 가지 축으로 나뉘는데, 그중 학문 역량은 특정 주제에 대한 심층적인 지식을 통해 핵심 역량을 지원한다. 비판적 사고, 창의성 같은 일반적 역량과 대응적 프로젝트 관리와 같은 기타 전문 기술은 지속 가능성 혁신을 추진하는 데 필요한 보편적인 역량이다. 이 구조는 지속 가능성 문제에 대한 효과적인 접근과 해결을 위해 모든 역량이 서로 보완적으로 작용하는 것을 강조하고 있다.

[그림 4-2]의 지속 가능성 핵심 역량의 프레임워크에서 언급된 8가지 핵심 역량은 서로 밀접하게 연결되어 있으며, 다양한 상황과 환경에 적용할 수 있다. 이 역량들은 고등교육을 통해 습득한 기본 역량과

전문 기술, 그리고 특정 주제나 분야에 대한 지식과 함께 통합될 때 더욱 강화된다. 이러한 작업은 분리된 역량 목록이 아니라 지속가능발전 관련 문제를 해결하기 위해 통합되고 상호 연관된 역량의 프레임워크이다. 이 프레임워크는 다양한 분야와 주제를 아우르는 횡단적 역량 프레임워크이다.

한편, 이 통합 프레임워크는 여러 장점을 가지고 있지만, 몇 가지 한계점도 가지고 있다.

첫째, 주로 미국과 유럽의 연구를 기반으로 만들어져 다양성과 포괄성 측면에서 부족할 수 있다. 이는 프레임워크가 전 세계의 다양한 문화와 환경을 충분히 반영하지 못할 가능성을 의미한다(Brundiers et al., 2021).

둘째, 역량의 구성 요소에 대한 세부적인 설명이 충분하지 않다. 이는 지속가능발전교육이 다양한 학문 분야에서 특정 주제에 맞춰져 있어야 하므로, 분야별로 필요한 지속가능발전 관련 지식을 어떻게 통합할지에 대해 명확한 지침이 부족하다는 것을 의미할 수 있다.

셋째, 이 프레임워크는 학생들이나 전문가들이 지속가능발전 핵심 역량을 어떻게 측정하고 평가할 수 있는지에 대한 구체적인 방법을 제시하지는 않는다. 이는 역량을 실제 교육 현장이나 전문 분야에서 어떻게 적용하고 평가할 수 있는지에 대한 지침이 부족함을 의미한다.

그러나, Brundiers et al.(2021)의 프레임워크는 현재까지 지속가능발전 역량에 관한 연구 중 가장 포괄적인 것으로 평가받고 있다. 이 프레임워크는 주로 Wiek et al.(2011)이 개발한 영향력 있는 프레임워크를 기반으로, 지속가능발전에 대한 핵심 역량에 관해 전문가들 사이의 합의를 끌어내고, 이전 연구들을 검토하고 토론하는 과정에서 정리된 통합적 접근 방식이기 때문이다.

참고문헌

박병열, 오현정, 김서현, 손연아. (2024). 환경 · 지속가능발전 교육을 위한 협업 네트워크 모델 탐색. 과학교육연구지, 48(3), 182–197.

신지연, 최돈형. (2012). 생태지향형 초등대안학교의 지속가능발전교육을 위한 발전방안 연구. 환경교육, 25(2), 272–289.

유네스코한국위원회. (2007). 지속가능발전교육을 위한 교사 지침서. 유네스코 한국위원회.

유네스코한국위원회. (2012). 지속가능발전교육 길잡이. 유네스코한국위원회.

장석길. (2023). 지속가능발전의 구성개념 및 속성: 연속성, 양적 변화, 질적 변화를 중심으로. 철학탐구, 69, 195– 224.

정영근. (2002). WSSD 논의 결과 분석 및 후속 과제 도출. 한국환경정책 · 평가연구원.

정지범. (2012). 범정부적 국가 위기 · 재난 관리시스템 연구. 한국행정연구원.

Brundiers, K., Barth, M., Cebrian, G., Cohen, M., Diaz, L., Doucette–Remington, S., Dripps, W., Habron, G., Harre, N., Jarchows, M., Losche, K., Michel, J., Mochizuki, Y., Rieckmann, M., Parnell, R., Walker, P., Zint, M. (2021). Key competencies in sustainability in higher education–toward an agreed–upon reference framework. *Sustainability Science, 16*, 13–29.

Cebrian, G., & Junyent, M. (2015). Competencies in education for sustainable development: Exploring the student teachers' views.

Sustainability, 7(3), 2768–2786.

Demssie, Y. N., Wesselink, R., Biemans, H. J., & Mulder, M. (2019). Think outside the European box: Identifying sustainability competencies for a base of the pyramid context. *Journal of Cleaner Production. 221*, 828–838.

Eilam, E., & Trop, T. (2011). ESD pedagogy: A guide for the perplexed. *The Journal of Environmental Education, 42*(1), 43–64.

Glasser H, Hirsh J (2016). Toward the development of robust learning for sustainability core competencies. *Sustainability 9*(3):121-134.

Hume, T., & Barry, J. (2015). Environmental Education and Education for Sustainable Development. In *International Encyclopedia of Social and Behavioral Sciences : 2nd Edition* (2 ed., pp. 733–739). Elsevier. https://doi.org/10.1016/B978-0-08-097086-8.91081-X

Iyengar, R., & Bajaj, M. (2011). After the smoke clears: Toward education for sustainable development in Bhopal, India. *Comparative Education Review, 55*(3), 424–456.

Jones, P., Selby, D., & Sterling, S. R. (2010). *Sustainability education: Perspectives and practice across higher education*. London, Washington, DC: Earthscan.

Kopnina, H. (2018). Education for sustainable development (ESD): The turn away from 'environment' in environmental education?. In *Environmental and Sustainability Education Policy* (pp. 135–153). London: Routledge.

Lambrechts. W., Mulà, I., Ceulemans, K., Molderez, I., & Gaeremynck, V. (2013). The integration of competences for sustainable development in higher education: an analysis of bachelor programs in management. *Journal of Cleaner Production, 48*, 65-73.

Leopold, A. (1986). *A sand county almanac: With essays on conservation form Round River*. New York: Ballantine Books.

Mindt, L., & Rieckmann, M. (2017). Developing competencies for sus−tainability−driven entrepreneurship in higher education: A literature review of teaching and learning methods. Teoría de La Educación. *Revista Interuniversitaria, 29*(1), 129.

Nasibulina, A. (2015). Education for Sustainable Development and Environmental Ehics. *Procedia−Social and Behavioral Sciences, 214*(2015), 1077−1082.

Nomura, K. (2009). A perspective on education for sustainable develop−ment: Historical development of environmental education in indonesia. *International Journal of Educational Development, 29*(6), 621−627.

Orr, D. (2004). *Earth in mind: On education, environment, and thehu−man prospect*. Washington, DC: Island Press.

Redman, A., & Wiek, A. (2021). Competencies for advancing trans−formations towards sustainability. *Frontiers in Education, 6*, 785163.

Regan, T. (1981). The nature and possibility of an environmental ethic. *Environmental Ethics, 3*, 19−34.

Rieckmann, M. (2012). Future−oriented higher education: which key competencies should be fostered through university teaching and learning? *Futures 44*(2), 127-135.

Sagoff, M. (2007). *The economy of the earth: Philosophy, law, and the environment*. Cambridge: Cambridge University Press.

Sterling, S. R., & Orr, D. (2001). Sustainable education: Re−visioning *learning and change* (*Vol. 6*). Totnes: Green Books for the Schumacher Society.

UNESCO (2005). *United Nations Decade of Education for Sustainable*

Development 2005~2014. Draft International Implementation Scheme. UNESCO.

UNESCO. (2007). *Education for sustainable development*. Paris: UNESCO.

UNESCO. (2014). *Education for sustainable development*. Paris: UNESCO.

Wals, A. & Benavot, A. (2017). Can we meet the sustainability challenges? The role of education and lifelong learning. *European Journal of Education, 52*(4), 404-413.

WCED. (1987). *Our common future*. Oxford: Oxford University Press.

Wiek, A., Bernstein, M., Foley, R., Cohen, M., Forrest, N., Kuzdas, C., Kay, B., Withycombe, K. L. (2016). Operationalising competencies in higher education for sustainable development. In M. Barth, G. Michelsen, M. Rieckmann, I. Thomas (Eds.), *2016 Handbook of Higher Education for Sustainable Development*. London: Routeldge.

Wiek, A., Withycombe, L., Redman, C. L. (2011). Key competencies in sustainability: A reference framework for academic program development. *Sustainability Science, 6*(2), 203-218.

Chapter

05

환경·지속가능발전교육을 위한 전략

01

시스템사고(Systems Thinking)

산업화 시대의 동력이었던 화석 연료를 통해 얻은 풍부한 양의 에너지는 과학 기술 발전의 기점이 되어 삶의 질을 높여 주었다. 그러나, 이 과정에서 배출된 온실가스가 대기 중에 계속 쌓여 온실 효과가 과도해짐으로써 지구 온난화가 유발되고, 그 결과 지구의 기후체계를 바꾸면서 극단적인 기상 현상이 더 빈번하고 강력하게 일어나고 있다(김추령 외, 2022). 이처럼 산업화 시대를 지배하였던 단순 근대화의 논리가 그 성공의 부수물로서 기후 위기와 같은 '위험'의 시대를 열었으며(임미원, 2014), 이 위험이 모든 생활 세계에 파고들어 현재는 인류를 포함한 생물권의 지속 가능성을 위협하고 있다. 즉, 우리는 현재 '위험 사회'(Beck, 1986)에 살고 있는 것이다.

'위험 사회'에 존재하는 여러 문제는 빠르게 변화하고 시시각각 발생하며, 산발적이고 돌발적으로 발생한다(박한호, 2017). 또한, 현대 사회가 고도로 분업화되어 여러 이해관계가 있는 주체 간의 얽힘으로 '위험 사회'에 존재하는 여러 문제의 복잡성이 증가하고 있다. 지금 우리가 마주한 문제들은 본질적으로 상호 연결되어 있고, 빠르고 역동적인 변화의 과정에 있는 것이다(OECD, 2019). 모든 인간이 기후의 영향 속에서 살아가면서 온갖 변화를 만들어 내고 있으며, 변화된 기후가 다시 또 모든 인간과 인간의 활동에 영향을 주고 있다. 따라서 현대의 기후 위기처럼 생물권의 지속가능성을 저해하는 여러 현상은 너무 거대하고 복잡해서 결코 제대로 이해할 수 없는 개념이 되었다(Wallace-Wells, 2019/2020). 이제 복잡성을 빼놓고는 미래 사회에 대해 논할 수 없는 상황이 도래하고 있다(이준기 외, 2018).

국제 사회는 높아져 가는 복잡성과 불확실성에 대비하기 위해 많은 노력을 하고 있다. 우리가 이미 이해하고 있듯이 1987년 환경과 개발에 관한 세계 위원회(WECD)에서 『우리 공동의 미래(Our Common Future)』라는 보고서에 지속가능발전(Sustainable Development: SD)에 대한 공식적인 정의를 담은 이래로 2012년 UN 지속가능발전 회의(UNCSD)에서 SDGs 설정에 대한 합의를 거쳤으며, 2015년 9월 뉴욕에서 열린 제70차 UN 총회에서 '단 한 사람도 소외되지 않는 것(Leave no one behind)'이라는 슬로건과 함께 인간·지구·번영·평화·파트너십이라는 5개 영역에서 인류가 나아가야 할 방향성을 17개 목표와 169개의 세부 목표로 구성된 SDGs를 공식적으로 발표하였다. 그리고 현재는 설정된 SDGs에 대한 국가 간 실천 전략을 수립하고 이를 실천하는 단계까지 발전되었다.

인류를 지속 가능한 미래와 보다 평화롭고 포용적인 사회로 이끄는 것을 목표로 하고 이를 달성하기 위해서는 빈곤, 기아, 불평등 및 기후 변화에 대한 인식을 높여야 함은 이미 잘 알려진 사실이다(Cottafava et al., 2022). 특히, 그러한 관점에서 교육이라는 분야의 역할은 매우 중요하다고 할 수 있다.

특히, 교육 분야는 SDGs가 미래 세대의 권리를 침해하지 않으면서 현세대의 발전을 도모하는 것이라는 점에서, 그 과정에서 발생할 수 있는 수많은 문제에 대한 '복합적 문제 해결력(Complex Problem Solving)'(WEF, 2016)에 초점을 맞추고 있는데, 미래에 발생할 수 있는 잠재적인 문제들은 전체 시스템적 접근 방식을 통해서 이해될 수 있다(Sverdrup, 2019).

시스템사고의 의미

시스템사고(Systems Thinking)는 1950년대 중반 MIT 교수였던 Jay Forrester 교수가 '시스템 다이내믹스(System Dynamics)'라는 분야를 개척하며 시작된 것으로 알려져 있다. 초기에 이 방법론은 시스템의 구조를 모델화하여 컴퓨터 시뮬레이션을 통해 정책 효과를 분석하는 데 활용되었는데(김동환, 2004), Jay Forrester의 1961년 저작인 『Industrial Dynamics』 그리고 1971년 저작인 『World Dynamics』를 거치며 그 체계가 정돈되었다.

특히, 시스템사고는 1990년 Peter Senge가 '시스템 다이내믹스' 방법론에서 컴퓨터 시뮬레이션을 제외하고 사상적 기반과 세계관을 추출하여 제시한 방법론에 기반을 두고 있는데(김상욱, 2018), 이는 복잡한 시스템의 역학을 고려하는 일련의 방법 및 이론적 요소를 포괄하는 개념이다(Clark & Zeegers, 2015; Sweeney & Sterman, 2000).

시스템사고는 복잡한 시스템을 이해하고 분석하는 방법으로 시스템이 작동하는 더 큰 맥락뿐만 아니라 시스템 부분 간의 관계와 상호작용을 고려하는 전체론적인 접근 방식이다(Mahaffy & Elgersma, 2022;

Riess & Mischo, 2010). 시스템 각 부분의 상호연결성을 고려함으로써 문제의 근본 원인을 식별하고, 보다 효과적인 해결 방법을 제공하는 데 도움을 줄 수 있다. 또한, 우리 행동의 의도하지 않은 결과를 예상하고 시스템에서 한 부분의 변화가 다른 부분에 어떤 영향을 미칠 수 있는지 이해하는 데 도움을 줄 수 있다. 결국 시스템사고는 복잡한 시스템의 역학을 고려하는 일련의 방법 및 이론적 요소를 포괄한다(Schuler et al., 2018; Verhoeff et al., 2018; Clark & Zeegers, 2015).

시스템사고를 통한 인과 순환 지도

시스템사고에서는 문제 해결을 위해 발생한 현상이나 문제점을 규명하고 이를 해결할 방안을 모색하는 과정에서 '인과 순환 지도(Causal Loop Diagram: CLD)'가 활용된다. 이 지도는 시스템의 복잡한 상호 작용을 시각화하고 분석하는 데 도움을 주는 도구로, 문제가 발생한 원인과 그 결과, 그리고 이를 유지하거나 증폭시키는 피드백 루프를 포함하여 시스템의 구조와 작동 메커니즘을 이해하는 데 사용된다.

CLD는 시스템의 구성 요소와 그들 간의 상호 작용을 하나의 시각적인 지도로 나타내며, 이를 통해 복잡한 문제의 원인과 결과, 그리고 그 사이의 인과 관계를 명확하게 파악할 수 있게 도움을 주는 도구이다. 특히, 피드백 루프는 문제가 발생한 원인과 결과를 연결하여 주는 중요한 매개체로 작용한다. 이러한 루프를 통해 문제가 어떻게 시스템 내에서 반복되고 강화되는지 이해할 수 있으며, 이를 통해 해결책을 찾을 수 있을 것으로 기대된다.

CLD의 구성 요소는 시스템 내에서 변화에 영향을 주는 다양한 요

그림 5-1 인과 순환 지도의 예시

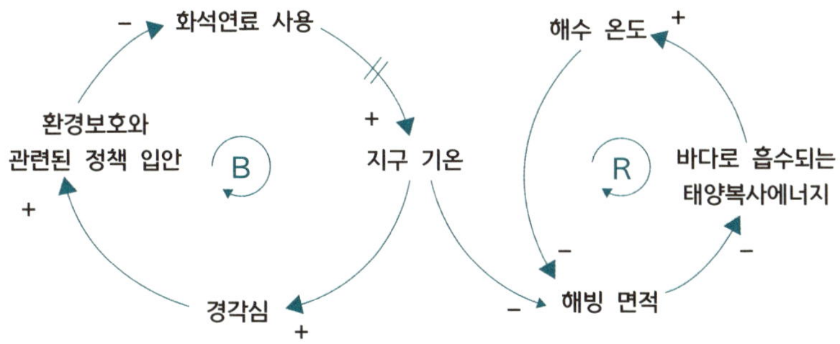

소들을 나타낸다. 이러한 요소들은 시스템의 전체적인 모습을 나타내는 데 중요한 역할을 한다. 그리고 구성 요소들을 외부와 내부의 조건에 따라 변화할 수 있으며, 이 변화는 시스템에 영향을 미친다(Barbrook-Johnson & Penn, 2022). 이러한 구성 요소들은 단순한 명사(구)로 표현되어야 하며, 명칭 자체에 증감을 나타내는 용어를 사용해서는 안 된다. [그림 5-1]을 보면, 인과 순환 지도의 요소가 모두 명사(구)로 표현되어 있으며, 구성 요소의 명칭 자체에 증감의 표현이 되지 않은 것을 알 수 있다. '해수 온도의 상승' 혹은 '해수 온도의 감소'가 아니라 '해수 온도'로, '해빙 면적 증가'나 '해빙 면적 감소'가 아니라 '해빙 면적'으로 되어 있다. 즉, 구성 요소는 어느 한 방향으로의 변화를 나타내는 표현이 아니라 증감을 나타낼 수 있지만 중립적인 단어로 작성해야 한다.

또한, 구성 요소 간의 관계는 인과 관계로 설명된다. 이러한 인과 관계를 표현하기 위해 화살표와 양(+)·음(-)의 표기를 사용하며, 이는 한 요소의 변화가 다른 요소에 어떤 영향을 미치는지 나타내는 것이다. 양의 인과 관계는 두 변수가 같은 방향으로 증가하거나 감소할 때를 의미하며, 음의 인과 관계는 서로 다른 방향으로 증가하거나 감소할 때를 나타낸다. [그림 5-1]에서, '바다로 흡수되는 태양 복사 에너지'와 '해수 온도' 간의 관계를 보면, 우선 '바다로 흡수되는 태양 복사 에너지'가 원인이며 '해수 온도'가 결과로 설정되어 있다. 또한, 두 관계가 +의 관계이기 때문에 같은 방향으로 움직인다. 즉, 바다로 흡수되는 태양 복사 에너지의 양이 증가하면 해수의 온도가 상승한다는 의미이다. 그러나 주의해야 할 점은 +가 '원인 증가' → '결과 증가'로만 해석되는 것은 아니라는 것이다. 즉, 바다로 흡수되는 태양 복사 에너지의 양이 감소하면 해수 온도의 감소로 이어진다고도 해석할 수 있다. 앞서 설명한 바와 같이 +는 양의 인과 관계를 뜻하며, 이는 원인과 결과가 같은 방향으로 변화함을 의미할 뿐이다. -의 관계는 원인과 결과가 서로 다른 방향으로 움직인다는 것을 의미한다. 예를 들어, '환경 보호와 관련된 정책 입안'이 되면 '화석 연료 사용'은 줄어든다. 이는 원인 요소가 증가함에 따라 결과 요소가 감소하는 것으로 해석할 수 있다.

그러나, 모든 변화가 즉각 일어나지는 않는 법이다. 때로는 원인과 결과 사이에 시간적인 지연이 발생할 수 있다. 이러한 지연은 물리적 변화, 공간적 차이, 정책 수립 및 결정 과정에서처럼 시간이 필요한 경우에 발생할 수 있다. 이러한 지연 현상은 CLD에서 시간 지연 효과로 나타나며, 인과 관계에 ⫽ 표시를 사용하여 표현된다. 그리고 '화석 연료 사용'이 늘면 '지구 기온'이 올라가는데, 이때 살펴볼 수 있는 ⫽ 표시는 원인과 결과 간 시간 지연이 존재한다는 것으로, 화석 연료를 사용함과 동시에 즉각적으로 올라간다기보다는 화석 연료 사용에 따른 지구 기온 상승에 시간이 걸린다는 의미로 해석할 수 있다.

마지막으로, CLD에는 강화 피드백 루프와 균형 피드백 루프라는 두 가지 종류의 피드백 루프가 있다. 강화 피드백 루프는 양의 극성을 가지는 불안정한 모습을 나타내며, 균형 피드백 루프는 음의 극성을 가지는 균형적인 상태를 나타낸다(김상욱, 2018). 균형 피드백과 강화 피드백은 순환적으로 해석해야 한다. 지구 기온이 올라가면 경각심이 증가하고, 증가한 경각심은 환경 보호와 관련된 정책 입안을 불러오며, 이에 따라 화석 연료 사용이 감소한다. 화석 연료 사용이 감소하면 지구 기온이 상승하지 않는 결과를 불러온다. 즉, 균형 피드백은 첫 원인 요소의 증가로 시작된 순환이 결과적으로 첫 원인 요소의 감소를 낳는다.

강화 피드백은 이와 반대라고 할 수 있다. 바다로 흡수되는 태양 복사 에너지가 많아지면 해수 온도가 높아지고, 해수 온도가 높아짐에 따라 해빙 면적이 줄어든다. 줄어든 해빙 면적은 바다로 흡수되는 태양 복사 에너지를 증가시킨다. 이때, 첫 원인 요소로 지목하였던 '바다로 흡수되는 태양 복사 에너지'의 증가는 순환 이후에도 똑같은 증가세를 보인다. 즉, 원인 요소의 계속되는 증가 또는 계속되는 감소를 가져오

표 5-1 CLD 제작의 유의점

유의점		유의 내용
1	시스템의 구성 요소 고려하기	- 파악해야 할 시스템의 구성 요소를 찾는다. - 구성 요소의 이름을 명사(구)로 표현한다.
2	요소 간의 인과 관계 고려하기	- 원인 요소와 결과 요소를 화살표로 연결한다. - 원인 요소와 결과 요소의 증감이 같은 방향이면 +를, 다른 방향이면 –를 적는다.
3	원인과 결과 사이의 시간 지연 고려하기	- 원인으로부터 결과가 도출되기까지 시간이 지연될 수 있다. 그러한 인과 관계 화살표에는 //를 표기한다.
4	피드백 루프 고려하기	- 인과가 순환적으로 연결되었을 경우, 강화 피드백 루프 혹은 균형 피드백 루프를 판단한다.
5	인과 순환 지도 완성하기	- 피드백 루프를 판단한 후, 여러 피드백 루프를 연결하여 전체적인 인과 순환 지도를 작성한다.

출처: 배경석 외(2023)

는 피드백이다.

이러한 피드백 루프들은 시스템의 동적인 특성을 이해하는 데 중요한 역할을 한다. 따라서 감지된 피드백 루프를 결합하여 전반적인 CLD를 시각화하는 것이 중요하다. CLD를 그리는 데 유의해야 할 점을 다음 〈표 5−1〉에 나타내었다.

시스템사고 교육에서 숙고할 점

시스템사고는 최근 그 중요성에 따라 교육 현장에서 여러 방법으로 활용되고 있다. 시스템사고 교육을 어떻게 해야 하는지 그 기반을 마련하는 연구(Elmas et al., 2021)부터 교수학습 프로그램 개발(Ben−Zvi Assaraf & Orion, 2005; 전재돈과 이효녕, 2015)까지 다양한 영역에서 시스템사고가 활용되고 있는데, 이러한 선행 연구를 통해 시스템사고를 학생들에게 교육할 때 숙고해야 할 점에 대해 살펴보는 것은 시스템사고 교육을 위해 필요하다.

첫째, 학생들의 발달 단계 및 교육과정을 고려해야 할 필요가 있다(배경석 외, 2022). 최근 연구에서는 초등학교 4학년보다 5학년 학생들이 시스템사고 교육에 더 높은 효과를 보인다는 결과를 제시하였고, 일부 6학년 학생들은 목표 수준 이상의 학습 효과를 나타낸 것으로 보고된 바 있는데(문병찬과 송진여, 2012), 이는 학생의 발달 단계가 시스템사고 학습 및 활용에 영향을 미치기 때문으로 보인다. 시스템사고 교육에도 개념 발달과 유사한 사고 발달의 양상이 있어(박경숙 외, 2019) 시스템사고 교육을 수준별로 제시해야 한다(이현동과 이효녕, 2017).

둘째, 마인드맵과 같은 인지적 도구가 필요하다. 시스템사고가 시스템을 이루는 다양한 요소 간의 상호 작용과 시간에 따른 변화를 종합적으로 이해하는 것이기 때문에(Kali et al., 2003; Sweeney & Sterman, 2000) 학생들이 이를 학습하는 과정에서 상당한 인지적 부담을 느낄 수 있다(Sentz & Stefaniak, 2019). 따라서 적절한 인지적 도구를 제공하는 것은 학생들의 이해를 돕고, 학습 참여도를 높이며, 더 높은 수준의 사고를 유도할 수 있다(Ben-Zvi Assaraf et al., 2013; Clement, 2000). 인과 순환 지도를 그리기 전 마인드맵을 활용해 구성 요소들의 관계를 생각해 보는 것 등이 효과적인 인지적 도구로 제시되어 있다.

셋째, 학생들이 시스템사고에 대해 자기 스스로 내재화할 수 있어야 한다. 즉, 학생들은 미래 역량 중 하나로 시스템사고를 배워야 할 필요성을 스스로 느껴야 한다. 따라서 시스템사고 교육을 위해서는 시스템사고 이전 전통적 사고방식(환원주의적이고 기계론적인 사고방식)과 시스템사고를 비교하여 기존 전통적 사고방식의 한계점을 직접 체험해 볼 수 있는 기회가 제공된다면 더욱 효과적일 수 있다(김도훈 외, 2006).

마지막으로, 시스템사고를 가르치는 교수자의 능력이 먼저 함양되어야 할 것이다. 증가하고 있는 여러 분야의 무경계적 지식과 개념들을 체계적으로 학생들에게 전달하기 위해서는 초등교육부터 고등교육까지 체계적인 시스템사고 교육이 마련되어야 하는데(이효녕 외, 2011), 이를 위해서는 교수자의 역량이 매우 중요하다. 예비 교사 양성 교육, 교사 재교육 등이 이루어져야 할 필요성이 있다(정창권, 2020).

시스템사고 교육 전략

선행 연구에서는 시스템사고를 학습시킬 방법으로 과학교육 분야

표 5-2 시스템사고 교육 전략

유의점		유의 내용
1	단어 분류하기	- 교수자가 학생들에게 학습 중인 개념과 관련된 단어를 제시하고, 학생들이 분류하는 활동
2	단어 작성하기	- 학생들이 스스로 학습하는 개념과 연관된 친숙한 단어를 작성하는 활동
3	문장 만들어 보기	- 학생이 학습할 개념에 대한 자기 아이디어를 사용하여 학습 주제에 대한 일련의 문장을 만드는 활동
4	인과 관계 연결하기	- 학생들이 학습할 내용과 관련된 단어를 생각하고 그 관계를 주어진 활동지에 적도록 하는 활동(화살표 및 +/- 표기 활동)
5	인과 관계 관찰하기	- 학생들이 학습할 개념과 관련된 시스템의 구성 요소를 관찰하고 기록하는 활동
6	개념도 그리기	- 시스템을 구성하는 요소 간의 관계를 식별하고 설명하는 활동

출처: 배경석 외(2023)

에서 어떤 전략이 활용되고 있는지 살펴본 사례가 있는데, 이에 따르면 크게 6가지 전략이 활용되고 있다는 것을 알 수 있다.

우선, 〈표 5-1〉의 '시스템의 구성 요소 고려하기'와 연계되는 교육 전략으로는 〈표 5-2〉의 '단어 분류하기(Classify Words)', '단어 작성하기(Writing Words)'의 2가지 전략이 주로 활용되고 있다(조규동과 김형범, 2017; 김형욱과 문성윤, 2017). '단어 분류하기'는 학생들이 직접 단어를 분류해 보는 활동을 의미하는데, 이때 교수자는 학생들이 해당 차시에 학습할 시스템 혹은 내용과 관련된 단어들을 먼저 제시한다. 그리고 학생들은 자신의 분류 기준을 만들어 적절히 단어들을 분류해 보는 과정을 거친다. '단어 작성하기'는 교수자가 해당 차시에 학습할 시스템이나 내용과 관련된 주제를 알려 주면 그 주제에서 연상되는 단어를 학생이 자유로이 적어 보는 활동이다.

〈표 5－1〉의 '요소 간의 인과 관계 고려하기'와 연계되는 교육 전략으로는 〈표 5－2〉의 '문장 만들어 보기(Make Sentence)', '인과 관계 연결하기(Causal Connection)', 그리고 '인과 관계 관찰하기(Observe Cause and Effect)' 단계가 주로 선행 연구에서 활용되었다. '문장 만들어 보기' 활동은 학생들이 도출한 구성 요소 단어를 활용하여 원인과 결과가 드러나게 문장을 만들어 보는 활동을 통해 학생들이 구성 요소 간의 인과 관계를 파악하는 활동이다. '인과 관계 연결하기' 활동은 학생들이 도출한 구성 요소를 화살표로 연결해 보고 +나 -로 그 관계를 파악하는 활동이며, '인과 관계 관찰하기' 활동은 학습해야 하는 어떠한 시스템이나 상황을 직·간접적으로 관찰하는 활동이다. 직·간접적 관찰에는 영상이나 사진을 통한 시스템 혹은 상황 관찰 등이 있을 수 있다. 〈표 5－2〉의 '개념도 그리기'는 도출된 시스템의 요소 간의 관계성을 나타낼 수 있는 도식을 통해 관계를 설명해 보는 활동이다.

다음으로 시스템사고 교육에서 활용할 수 있는 일반적인 교수학습 모형 중 하나를 소개하고자 한다. [그림 5－2]에 제시한 이 모형은 학생들이 교과 수업을 통한 내용 학습 후, 정의된 문제 혹은 발견된 문제에 대한 해결책을 찾아가는 활동으로서, 시스템사고를 활용할 수 있는 '문제 해결형' 교수학습 모형이다.

이 모형을 수업에 적용하는 단계를 제시하면, 먼저 일반적인 교과 수업 후, 해결해야 할 문제를 인식한다. 이후, 단어 작성 및 분류하기 활동, 상황 관찰하기 활동을 한 후, 관찰한 상황을 기반으로 다시 단어 작성 및 분류하기 활동을 진행한다. 그렇게 정리되고 분류된 단어를 CLD에 맞게 변환하는 단계를 거치면 각 단어별로 인과관계를 파악하여 연결한다. 그리고 시간 지연과 피드백 루프를 파악하고 CLD를 완성하

그림 5-2 시스템사고 교수학습 모형(문제해결형)

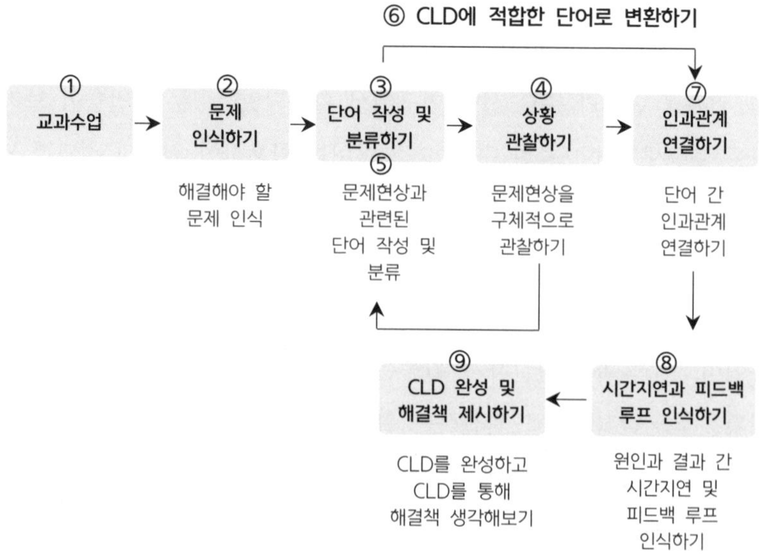

자료: 배경석 외(2023)

여 문제에 관한 해결책을 제시하는 단계로 구성되어 있다.

또, 시스템사고를 활용한 교수학습 모형 중 활발히 활용되고 있는 모형에는 [그림 5−3]에 표현된 ADBAS 모형이 있다. ADBAS 모형은 STEM/STEAM 교육을 위해 고안된 교육 프로그램 개발 모형으로, 창의적 설계와 문제 해결을 중심으로 한다. 이 모형은 '분석(Analysis)', '설계(Design)', '제작(Build)', '평가(Assessment)' 그리고 모든 단계에 병렬적으로 구성된 '시스템사고(Systems thinking)'로 이루어져 있다(박병열과 이효녕, 2014; 전재돈과 이효녕, 2015).

여기에서 학생들은 문제 상황을 분석하고, 해결책을 설계·제작한 후 이를 평가하며, 이 과정 전반에 걸쳐 시스템사고를 활용하여 문제에 체계적으로 접근한다. 이 모형을 통해 학생들은 문제 해결 필요성을 인

그림 5-3 시스템사고 교수학습 모형(STEAM 교육 모형)

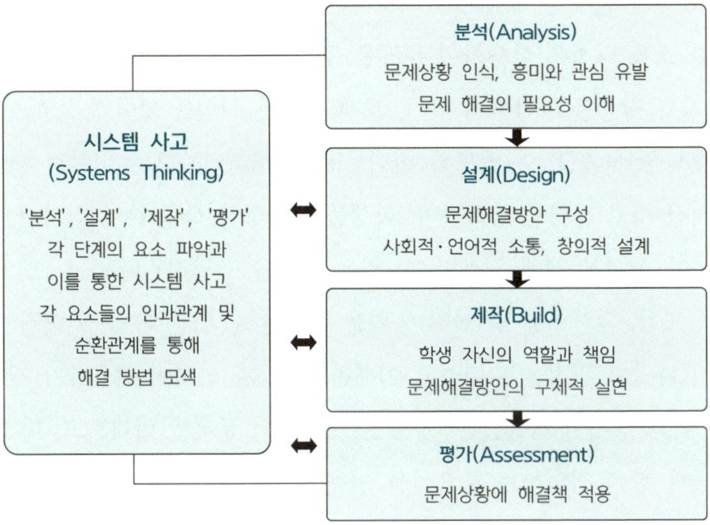

자료: 박병열과 이효녕, 2014

식하고, 관련 지식을 탐구하며, 팀워크를 통해 아이디어를 발전시키고, 제작 과정에서 다양한 문제를 해결해 나가면서 성공의 경험을 통한 감성적 체험을 하게 된다. 최종적으로는 다양한 문제 해결 아이디어를 비교하고 협의할 수 있는 평가 단계를 거쳐, 새로운 문제에 도전할 수 있는 능력을 기르게 된다. ADBAS 모형은 학생들이 단편적 지식 학습을 넘어 시스템적으로 문제를 분석하고 해결해 나갈 수 있도록 돕는다(박병열과 이효녕, 2014; 전재돈과 이효녕, 2015).

시스템사고 교육의 효과

시스템사고는 학생들에게 미래를 살아가는 데 필요한 여러 중요한 능력을 길러줄 수 있다. 시스템사고를 학생들에게 가르치는 것은 그들이 복잡한 문제를 이해하고 해결하는 데 있어 중요한 역할을 한다. 이러한 교육 방식은 학생들이 문제를 구성하는 다양한 요소들과 이들 간의 상호 작용을 파악하게 하여, 문제의 근본 원인을 찾아내고 효과적인 해결책을 도출할 수 있도록 한다. 또한, 시스템사고는 비판적 사고와 분석적 사고 능력을 강화하며, 학생들이 다양한 학문 분야의 지식을 통합하여 실제 문제에 적용할 수 있는 능력을 발달시킨다.

또한, 의사소통 및 협업 능력을 향상할 수 있는데, 문제 해결 과정에서 다양한 관점을 수렴하고 이해관계자들과 협력이 필요하기 때문이다. 이 과정에서 학생들은 더 넓은 시각에서 문제를 바라보고, 다른 사람들과 함께 작업하는 중요성을 이해하게 된다.

시스템사고는 학생들이 지속 가능한 사고방식을 갖게 하고, 단순하고 단기적인 해결책이 아니라 장기적이고 지속 가능한 해결책을 찾게 한다. 이는 학생들이 미래 세대를 위한 책임감 있는 결정을 내리는 데 중요한 기초를 마련하며, 불확실성과 변화에 적응하고 유연하게 대처하는 능력을 개발할 수 있도록 한다. 또한 복잡한 시스템 내에서 변화하는 상황에 효과적으로 대응할 방법을 학습함으로써, 학생들은 더욱 적응력 있고 유연한 사고방식을 가질 수 있다.

02

서비스러닝(Service Learning)

서비스러닝의 특징

서비스러닝은 개념적으로 학문적 지식과 사회적 책임을 결합한 교육 방법으로, 학생들에게 실제 사회 문제에 직접 참여하고 공헌하도록 하는 학습 경험을 의미한다(박병열, 2022; Bringle et al., 2013). 서비스러닝은 학문적 지식과 내용을 사회 현장에서의 문제에 적용하고, 동시에 사회적 가치와 책임을 강조하여 학생들의 학습과 사회 참여를 촉진한다. 이를 바탕으로 학생들은 지식, 기술, 리더십, 사회적 감수성을 함양한다. 이를 통해 지역사회의 구성원으로서 사회 전반에서 문제를 발견하고 해결에 참여하여 그 사회의 발전에 공헌할 수 있다.

서비스러닝은 교육 기관인 학교, 학습하는 학생, 그리고 지역사회가 공존하는 공간에서 이루어진다. 학교는 학생들이 지식을 습득하게 하고, 이를 지역사회 문제를 해결하는 데 활용할 수 있도록 도와준다. 학생들은 지역사회 현장에서 발생하는 문제를 학교에서 배운 지식을 활용하여 해결하기 위해 노력한다. 지역사회는 학교와 협력하여 학생들이 서비스러닝 경험을 통해 학습하고 성장할 수 있도록 도우며, 학생들과 함께 지역사회 문제를 해결하기 위해 적극적으로 참여한다. 이러한 과정은 학교와 학생 그리고 지역사회가 모두 성장할 수 있는 환경을 제공하고, 나아가 지역 공동체의 생활 환경과 시민의 삶의 질을 향상한다. 서비스러닝의 대표적인 특징을 살펴보면 다음과 같다.

첫째, 지식의 적용 측면에서 서비스러닝은 지식을 지역사회 현장에서 실제 문제에 적용하도록 유도한다. 학생들은 학교에서 배운 지식과 내용을 실제 상황에서 적용하는 과정에서 문제 해결 능력을 향상할 수 있다. 여기서 다루는 지식과 내용은 하나의 교과에 한정되지 않고 다양한 차원에서 교과의 범위를 벗어나 통합적인 특징을 갖는다.

둘째, 지역사회 참여 측면에서 서비스러닝은 학생들에게 지역사회에 봉사하고 문제 해결에 기여하게 한다. 이를 통해 학생들은 현장에서의 실질적 경험을 바탕으로 사회적 책임감을 형성하게 된다.

셋째, 상호 학습 측면에서 서비스를 제공하는 학생들뿐만 아니라, 서비스를 받는 지역사회 또한 학습 경험을 한다. 서비스러닝 공간에서 서로의 지식과 경험을 교환하며 학습하는 과정은 서비스러닝 참여자에게 상호 이익을 가져다준다.

넷째, 비판적 성찰 측면에서 학생들은 문제를 해결하기 위해 여러 상황적 조건을 고려하고 합리적인 의사 결정을 내리기 위한 지적인 과정을 거친다. 이 과정에서 자기 경험과 감정을 성찰하고, 그 경험의 결과에 의미를 부여하게 된다. 이를 통해 학생들은 내면적 성장과 사회적 감수성을 증진하게 된다.

서비스러닝은 학생들을 단순히 지식의 수용자가 아니라, 문제 해결에 적극적으로 참여하도록 안내하여 긍정적인 사회 변화의 주체로서 역할을 할 수 있도록 돕는다. 그리고 교육 및 교육 기관의 사회적 책임을 강조하며 그들이 지역사회의 변화에 참여할 수 있도록 한다. 그와 동시에 지역사회가 교육 공간에 참여하도록 하여 지역사회 구성원들이 함께 문제를 해결한다는 측면에서 중요한 교육 전략 중 하나이다.

서비스러닝의 적용

서비스러닝은 다양한 분야와 교육 수준에서 적용될 수 있으며, 그 적용 목적과 과정에 따라 매우 다양한 형태로 이루어질 수 있다. 아래는 분야와 교육 수준을 기준으로 다양하게 진행되는 몇 가지 서비스러닝의 적용에 대해 정리하였다(〈표 5-3〉).

표 5-3 여러 영역에 따른 서비스러닝의 적용

<table>
<tr><th colspan="2">영역</th><th>내용</th></tr>
<tr><td rowspan="3">교육 대상</td><td>K-12 교육</td><td>학생들은 지역사회 문제를 해결하기 위해 학교 내외에서 프로젝트를 진행하여 교과 지식을 적용하는 활동을 할 수 있다.</td></tr>
<tr><td>대학 교육</td><td>학생들은 전공과 연계해 실제 사회 문제를 다루는 연구 프로젝트를 수행하며, 이는 공공시설 개선 또는 사회적 불평등 연구와 같은 활동을 포함한다.</td></tr>
<tr><td>전문직 교육</td><td>의료·법률·경영 등 전문 분야의 학생들은 실제 현장에서 전문지식을 적용하여, 지역 의료 클리닉 프로젝트나 저소득층 법률 지원 같은 활동을 수행할 수 있다.</td></tr>
<tr><td rowspan="2">적용 범위</td><td>지역</td><td>학생 자신의 지역에서 일어나는 여러 가지 문제들을 해결하는 경험을 한다.</td></tr>
<tr><td>글로벌</td><td>학생들은 국제 공동체 문제 해결과 문화 간 교류를 경험하며, 개발 도상국에서 교육이나 보건 프로젝트 참여 등 다양한 문화적 환경에서의 경험을 쌓는다.</td></tr>
<tr><td>주제</td><td>지속 가능성</td><td>학생들은 지구 온난화, 기상 이변, 에너지, 재활용 등의 환경 및 사회 문제를 다루는 서비스러닝 프로젝트를 통해 문제 해결 능력과 환경에 대한 책임감을 함양한다.</td></tr>
</table>

먼저, 서비스러닝은 K－12(유아부터 모든 학교 교육) 교육에서 이루어질 수 있다. 학생들이 지역사회 문제와 관련하여 학교 안이나 밖에서 프로젝트를 통해 교과 지식을 활용할 수 있다.

서비스러닝은 대학에서 이루어질 수 있다. 대학에서는 학생들이 전공과 연계하여 실제 사회 문제에 관한 연구 프로젝트를 수행할 수 있다.

서비스러닝은 전문직 교육에서도 이루어질 수 있다. 의료, 법률, 경영 등 전문 분야에서 학생들이 전문적인 지식을 실제 상황이나 현장에서 적용할 수도 있다.

또한, 서비스러닝은 글로벌 측면에서도 일어날 수 있다. 국제 공동체에서 학생들이 문제를 해결하고 문화 간 교류를 할 수 있다.

서비스러닝은 특정한 주제, 예를 들어 지속 가능성 중심의 활동으로 구성될 수 있다. 지속 가능한 환경 및 사회를 위해 지구 온난화, 기상 이변 등의 환경 문제나 에너지, 재활용 등의 사회 문제와 관련된 프로젝트를 운영할 수 있다.

03

리빙랩(Living Lab)

리빙랩의 의미

리빙랩(Living Lab)은 생활 환경에서 사용하는 기술이나 제품의 혁신을 위해 연구 활동을 활용하는 열린 협업 플랫폼이자 방법을 의미한다(Almirall & Wareham, 2011; Ballon & Schuurman, 2015; Massachusetts Institute of Technology(MIT), no date). 리빙랩은 제품 사용자들과 산업체, 연구 기관 등이 협력하여 실제 환경에서 새로운 서비스, 제품, 기술 등을 테스트하고 개발하는 공간이다. 이를 통해 현장에서 발생하는 다양한 문제의 해결 방안을 찾기 위한 노력이 이루어진다.

리빙랩의 특징은 크게 다섯 가지로 나눌 수 있다. 첫째, 지역사회 현장을 중심으로 협업한다. 현장에서의 사용자 경험을 중심으로 새로운 아이디어나 기술을 발전시키고, 이를 위해 제품이나 서비스 사용자들과 연구자 그리고 기업 등이 함께 문제를 식별하고 해결책을 찾는다. 둘째, 실제 환경에서의 실험과 테스트를 강조한다. 제품이나 서비스가 사용자들에게 어떻게 작용하는지를 직접적으로 관찰하고 평가함으로써 보다 현실적인 결과를 얻을 수 있다. 셋째, 다학문적, 융합적 접근을 활용한다. 다양한 분야의 전문가들이 참여하여 문제를 종합적으로 다루며 기술, 사회, 경제, 환경 등 다양한 측면의 지식과 경험을 결합한다. 넷째, 높은 수준의 개방성을 가지고 있다. 리빙랩은 연구와 혁신을 위한 열린 플랫폼이며, 참여자의 지식을 공유하고 협업하기 위한 최적의 환경을 제공한다. 다섯째, 개선과 보완을 지속해서 반복한다. 실험 결과를 바탕으로 기술이나 제품을 혁신하기 위해 개선과 보완 과정을 계속 반복하여 혁신적인 해결 방안을 찾고자 한다. 이러한 특성들로 인해 리빙랩은 도시, 산업, 지역사회의 여러 가지 문제 해결을 위한 여러 맥락에서 사용되며 스마트 시티, 의료, 교육, 환경 등 다양한 분야에서 적용되고 있다(Compagnucci et al., 2021; Schuurman & De Marez, 2012).

리빙랩의 사례

리빙랩은 다양한 분야에서 활용되고 있으며 여러 국가의 도시와 기관에서 적용되고 있다. 리빙랩의 모범 사례 중 몇 가지를 소개하면 다음과 같다.

먼저, 스톡홀름 리빙랩(Stockholm Royal Seaport Living Lab)은 지속 가능한 도시개발을 위한 프로젝트로, 스웨덴의 스톡홀름에서 시작된 프로젝트이다. 로열 시포트 프로젝트(Royal Seaport Project)라고도 불리는 이 프로젝트는 2013년부터 시작하여 2030년까지 도시의 토지를 이용하여 친환경 건물, 에너지 효율성, 교통 시스템 등을 개선하는 데 목표를 두고 있다. 이를 위해 지역 주민, 기업, 연구 기관이 협력하여 스마트 시티 및 혁신 도시 개발을 위한 솔루션을 시험하고 있다(Ottosson, no date).

트론헤임 리빙랩(Trondheim Living Lab)은 노르웨이의 트론헤임에서 시작된 프로젝트로, 스마트 시티 개발을 위해 리빙랩을 활용하였으며 지능형 교통 시스템, 환경 모니터링, 에너지 효율성 등에 중점을 두고 있다. 이러한 과정에 지역 주민 참여를 강조하며, 제로 탄소 배출을 위한 건설 등 다양한 스마트 시티 프로젝트를 추진하고 있다(The Research Centre on Zero Emission Building, 2015).

또한, 베를린 디지털 뉴 웨이(Berlin Digital New Way)의 경우 독일의 수도 베를린에서 시작된 리빙랩으로, 디지털 기술을 활용한 혁신적인 도시 발전을 목표로 하는 리빙랩을 구축하고 있다. 스마트 시티, 디지털 헬스 케어, 교육 등 다양한 분야에서 혁신을 위한 실험적인 프로젝트가 진행되고 있다(Gemeinsam Digital, no date).

마지막으로, 라이프 앤 비욘드(Life & Beyond) 프로젝트는 네덜란드의 에인트호번에서 시작된 리빙랩으로 지속 가능한 라이프 스타일을 촉진하기 위해 시작되었다. 특히, 이 프로젝트는 주민들이 자립적이고 건강하게 삶을 누릴 수 있도록 돕는 데 초점을 두고 있다. 소비자인 주민들이 지속 가능한 제품과 서비스를 테스트하고 체험할 기회를 제공하고 그들의 요구 사항을 파악하여 생활 환경을 개선하기 위해 노력하였다(Transformative Social Innovation Theory, 2014).

이러한 세계 각국의 리빙랩을 활용한 도시 혁신 사례들은 지속 가능성, 스마트 시티, 미래 교육, 디지털 혁신 등 다양한 분야에서 리빙랩이 어떻게 활용되고 있는지를 보여 주고 있다. 특히, 도시 혁신을 위한 문제 해결 과정에 지역 주민, 기업, 대학 및 연구 기관 등이 함께 네트워크를 형성하여 협력하는 과정은 리빙랩에서 혁신을 통해 문제를 해결하는 데 매우 중요한 요소인 것으로 간주된다.

04

리빙스쿨(Living School)

리빙스쿨의 의미

만약 여러분이 학교에 다니면서 학생들과 교직원들이 그곳에서 행복하다고 느낀 적이 있다면, 여러분은 이미 리빙스쿨(Living School)을 경험한 것이다. 리빙스쿨에서는 사람들이 성장하고, 교직원과 학생들이 공동의 학습 여정을 걷고 있으며, 학교가 자연계를 포함한 지역 및 글로벌 커뮤니티와 연결되어 있다는 분명한 인식이 있다. 이렇게 학교에서의 특별한 실천 사례들을 "리빙스쿨"이라고 부르기로 하였는데, 그 학교들이 교육에 생명을 불어넣는 정신을 반영하고 있기 때문이다. 이것은 모든 사람을 위한 지속 가능성과 웰빙의 가치가 무엇을 어떻게 배우고, 어디서 언제 배우고, 궁극적으로 왜 배우는지에 영향을 미친다는 것을 의미한다(Hopkins, 2013; O'Brien, 2016).

리빙스쿨은 교육의 목적 자체에 의문이 제기될 때 나아가야 할 고무적이고 역동적인 변혁을 보여 주며, 그것이 모든 사람을 위한 지속 가능한 웰빙으로 이끌어야 한다는 답을 제시한다. 이것은 급진적인 교육 개혁, 그리고 교육이 경험적이어야 한다는 오랜 관점에 바탕을 두는 교육이다. 리빙스쿨은 다양한 지역 문화의 중심에서 전체론적 세계관을 존중하고, 마음 챙김과 장소 기반 학습과 관련된 지혜의 전통을 포함한다. 또한, 교육을 다시 상상하기 위한 다양하고 산발적인 노력에 일관된 관점을 보인다. 이러한 학교는 그 자체로 훌륭하지만, 교육의 시기적절한 변화를 추진하지 못하는 사회 정의 또는 환경 프로젝트의 집합을 넘어서는 것이다.

수십 년 동안 교육자들은 산업화 시대에 개발된 뒤떨어진 학교 시스템을 동시대의 학습 요구를 충족시키는 곳으로 전환하는 방법과 씨름해 왔다. 교육 혁신을 위한 권고안에는 21세기형 역량 개발, 통합적 기술의 활용, 창의성과 혁신성 및 기업가 정신 향상 등이 포함된다. 개인의 행복이 예상되는 성과이긴 하지만, 경제적 번영과 지역사회 발전이 이러한 권고안들의 근거로서 제시되고 있다.

결과적으로 세계는 K−12 교육을 다시 개념화하기 위해 노력하고 있다. 캐나다는 21세기 교수학습에 대한 비전을 '7C: 비판적 사고(Critical thinking), 창의성(Creativity), 협업(Collaboration), 의사소통(Communication), 인성(Character), 시민성(Citizenship), 컴퓨팅 사고(Computational thinking)'를 중심으로 개념화하였다(Kershaw, 2012). 21세기 교수학습을 위한 국가적·국제적 변화는 대부분 비정부·비영리 단체가 주도하고 있다. 이러한 계획의 대부분은 백여 년 전부터 진행된 교육 관행을 새로운 방향으로 전환하고 해체해야 한다는 요구를 반영하고 있다.

21세기의 도전 및 요구와 관련한 교육의 '근본적' 전환을 지원하기 위해 교육자들은 창의적이고 중요한 문제 해결, 협업, 커뮤니케이션, 콘텐츠 지식, 새로운 학습 및 기술 개발의 통합이 필요한 실제 세계의 프로젝트로 눈을 돌렸다. 큰 규모의 다국적 기술 회사와 실리콘 밸리의 억만장자들은 미국의 K−12 교육에 특별한 관심을 보이며, 21세기 학습 목표를 위해 교실을 재구성하고자 많은 돈을 투자하고 있다. 이러한 새로운 계획과 접근 방식은 각각 19세기 후반부터 시작된 진보적 교육에 확고히 뿌리를 두고 있다. 학생들의 삶과 직접적인 관련이 있는 경험적 학습, 개별화된 교육, 딥러닝, 그리고 실제 응용을 통한 협력적 학습에 대한 집중은 듀이, 몬테소리, 말라구치, 프뢰벨 등이 공통으로 주장한 것이다.

21세기 교육은 경험적 학습과 학생들의 미래를 준비하기 위한 기술, 역량, 행동양식 및 일하는 방식에 초점을 맞추고 있다. 이와 관련된 문헌들은 교육이 창의적이고, 혁신적이며, 평생 학습자를 양성하고, 세상의 문제를 해결하고, 변화하는 인력 수요의 문제에 대응하고, 좋은 시민을 양성하기 위한 기능적 목적을 충족하도록 설계되어야 하는데, 현재의 교육 패러다임은 전통적인 취업 준비에 치우친 경향이 있다는 문제를 제기한다(Zhao, 2012).

> "전통적인 교육 패러다임은 개인이 경제적으로 수입이 많은 일자리를 찾고 기존 사회에 적응할 수 있도록 준비시키는 것을 목표로 한다. 그것은 산업혁명과 함께 나타난 대량 생산 경제를 위한 노동자들을 생산하기 위해 고안되었다." (Zhao, 2012)

이것은 우리가 세계화 시대에 직면하고 있는 시급한 환경 도전과 맞지 않는 패러다임이다. 또한, 지속 가능한 생활과 생활 양식에 기여할 수 있는 경제를 확립해야 하는 필요성에도 적합하지 않다. Zhao는

"2011년, 15~24세에 해당하는 약 7천 5백만 명의 젊은이들이 전 세계적으로 실직하였다"고 언급한다. 이미 낡아 버린 경제 체제를 위해 직업 훈련이 된 고등학교 졸업생들을 더 많이 배출하는 것은 분명히 근시안적이고 교육 자원은 말할 것도 없으며 그들의 형성기에 대한 재앙적인 낭비이다. 이에 대한 해결책으로 더 혁신적인 사상가와 기업가들을 개발해야 한다는 폭넓은 희망은 덜 전통적인 방식의 교육과 학습에 대한 공간을 열어 주는 역할을 하였다.

이러한 '새로운 교육론'의 특징은 학생들의 경험과 주체성이다. 교사의 역할은 안내자, 멘토, 공동 학습자, 또는 학습 파트너로 바뀐다. 로봇 대회, 해커톤, 문제 및 프로젝트 기반 학습 등과 같은 다양하고 새로운 교육론들의 인기에서 볼 수 있듯이 정교한 정보/통신 기술의 향상으로 학제 간, 경험적 학습, 그리고 창의적 적용이 가능하게 되었다. 의심할 여지없이 새로운 교육론은 '실천에 의한 목적적 학습'에 기반을 두고 있다(Fullan & Langworthy, 2013).

학교 교육을 변화시키기 위한 최근의 노력은 지속 가능성의 개념을 통합하면서 학생들이 빠르게 변화하는 세계에서 성공하기 위한 준비가 본질적인 목표이다. 이 세계는 아마도 시대에 뒤떨어지고 지속 불가능한 경제 활동으로 나타나는 재생 불가능 자원의 과잉 소비에 의존하는 세계이다. 여기에서 지속 가능성이라는 용어는 우리가 지구의 자원 용량 내에서, 그리고 '인간 이외의' 거주자들을 존중하면서 공평하게 살아야 한다는 관점을 의미한다. 교육 목적의 재설정으로 지속 가능성이 교육에 완전히 통합되지 않는 한 기후 변화 적응과 식량 및 물 안보에 대한 위협 등이 고조되는 현 상황에서 가장 진보적인 비전도 시민의 요구를 충분히 충족시키지 못할 것이다. 이와는 대조적으로, 리빙스쿨은 '전환 교육(Transforming Education)'으로 사람과 생태계가 번영하는 지속 가능한 사회를 발전시키겠다는 목표를 가지고 우리가 혁신 교육 리더들의 모범 사례들을 왜 통합해야 하고, 어떻게 통합할 수 있을지를 보여 준다. 리빙스쿨은 모두를 위한 웰빙이라는 교육적 비전을 전제로 한다.

> "모두를 위한 웰빙은 지구상의 모든 사람과 '인간 이외의' 생명을 위한 개별적이고 집단적인 웰빙을 포용한다. 그것은 우리의 행복이 현재와 미래에 모두 중요하고, 우리의 행복이 다른 사람들의 행복과 자연환경이 얽혀 있다는 것을 인식하는 포용적 비전이다." (O'Brien, 2016)

다른 사람, 환경 또는 미래 세대에게 해를 주지 않고 개인, 공동체, 지구촌 글로벌 웰빙에 기여하는 행복으로 정의되는 지속 가능한 행복에 관한 O'Brien의 연구에도 이와 유사한 관점이 내포되어 있다(O'Brien, 2010). 웰빙에 대한 초점은 리빙스쿨이 야외 학습, 사회 정서적 학습, 교직원과 학생이 성장하고 발전하는 긍정적 교육과 건강을 증진하는 학교를 목표로 한다. 〈표 5-4〉에서 보는 바와 같이 이전의 연구(Howard & O'Brien, 2017; O'Brien & Howard, 2016)에서 리빙스쿨의 이론적 근거 및 리빙스쿨에서 찾을 수 있는 특징과 실천 사례를 가치와 비전, 리더십, 교수학습, 현장 기반 지향, 건강과 웰빙 분야로 요약한 바 있다.

표 5-4 리빙스쿨의 특성과 실천 프레임워크

특성	실천 프레임워크
가치와 비전	- 세상과 함께하기 - 타인의 세계관과 정체성의 문화적 인식 개발 - 식물, 동물, 나머지 자연계에 대한 보살핌에 대한 모델링 - 자신, 타인과 모든 생명체를 위한 긍정적 변화 지향 - 학생, 교직원, 더 넓은 지역공동체 및 자연 환경의 건강과 웰빙 증진 - 도전과 기회 상황에서 해결 중심의 성장 사고방식 - 학교공동체에서 신뢰와 존중의 관계 구축 - 토착적 세계관과 전통적인 지식방식 존중
리더십	- 교사와 학생의 목소리와 주도권보장 - 교직원, 학부모, 보호자 및 지역사회와의 강력한 협력 관계 개발 - 변혁적 학습을 위한 전문성 향상 기회 창출 - 형평성, 포용성, 다양성의 정신 함양 - 지속 가능성 교육 및 웰빙을 위한 명시적 지원 - 안전한 환경에서 생활, 학습, 일하는 새로운 방식을 탐색하기 위해 과감한 도전권장
교수와 학습	- 협업 프로세스 - 교수 및 학습에 대한 전체론적 접근 - 현실세계 변화에 영향을 미치는 탐구기반 전략 선택 - 포용, 학생 중심과 개별화된 학습정신 - 창의성 개발, 도전정신 및 학생주도형 분위기 조성 - 건강하고 지속 가능한 생활방식 모델링 - 학습 실천의 참 평가
자연과 현장기반 지향	- 학습을 촉진하기 위해 학교 주변환경을 포함한 자연적, 사회적, 인위적 환경 활용 - 학교 야외 학습 통합 - 학생과 교사의 생태적 문해력 개발 - 교실 자원을 지속가능하게 하고 웰빙 증진 - 지역사회와의 강력한 유대 관계 및 헌신적인 시민참여
건강과 웰빙	- 학생, 교직원 및 교사의 정서적, 신체적, 정신적 웰빙 개발 - 건강증진학교의 원칙 운영 - 인간의 건강과 자연세계 사이의 연관성 탐구 - 모두를 위한 지속 가능성, 행복 및 웰빙 간의 관계 탐색 - 교실 안에서, 학교에서 그리고 더 넓은 지역공동체와의 긍정적인 의사소통 지원

자료: Howard & O'Brien(2018)

리빙스쿨의 사례

여기서는 리빙스쿨 운영에 대한 사례를 몇 가지 소개하고자 한다. 먼저, 월드 스쿨링(Worldschooling)은 비교적 최근에 등장한 교육 방법으로 여행을 통해 세계 각지를 돌아다니며 학습을 진행하는 형태이다. 학생들은 여행지에서 다양한 문화·역사·언어 등을 체험하고 다양한 관점을 바탕으로 한 지식을 탐구하는데, 특히 가족 단위로 이루어지는 경우가 많다(Molz, 2017; Riley, 2017).

오픈 에어 스쿨(Open Air School) 또한 리빙스쿨의 사례라고 할 수 있다. 오픈 에어 스쿨은 20세기 초에 등장한 학교 밖에서의 학습을 강조하는 교육 방법이다. 이 교육 방법은 자연과 상호 작용하면서 학문적인 지식과 실생활 기술을 함께 배우는 것을 목표로 한다. 주로 환경교육과 연관하여 산림 학습, 자연 체험, 야외 활동을 통해 학생들에게 다양한 학습 경험을 제공한다(Mirella, 2022; Thyssen, 2018).

그리고 커뮤니티 중심 학교(Community−Centered School)를 들 수 있다. 커뮤니티 중심 학교는 학교를 지역 커뮤니티의 중심으로 만들어 학생, 교사, 학부모, 지역 주민 등이 협력하여 교육을 이끌어가는 방식을 말한다. 일부 커뮤니티 중심 학교는 지역사회의 자원과 역량을 활용하여 학교 교육과정 프로그램을 설계하고 지원하며, 환경 · 지속가능발전교육과 접목하여 운영되기도 한다(Oakes et al., 2017; Provinzano et al, 2020).

위에서 소개한 사례들은 리빙스쿨의 다양한 형태와 특징을 나타내고 있으며, 특히 학생들이 경험과 체험을 통해 학습하는 과정을 강조하고 있다. 이러한 경험들은 실생활에서 적용할 수 있는 기술과 지식을 제공한다. 경험을 통한 학습은 배움에 대한 동기 부여와 흥미를 유발하고 실제 문제를 해결하는 능력과 창의성 등 다양한 역량을 강화할 수 있도록 한다. 또한, 다양한 학습 스타일을 지원하여 학생의 요구를 반영한 최적의 학습 경험을 제공할 수 있다. 이러한 교육적 방법은 지식뿐만 아니라 삶에서 유용한 능력과 태도를 함께 강화하는 데 유용하게 활용될 수 있다.

05

지속 가능한 행복과 교육 실행 전략

지속 가능한 행복은 긍정 심리학, 정신 건강, 지속 가능성과 같은 분야의 연구를 기반으로 한 행복 연구에 대한 접근 방식이다. 지속 가능한 행복은 개인의 행복과 다른 사람과 환경의 행복 사이의 관계를 조사함으로써 이러한 기초 분야의 전통적인 관점에서 벗어난다. 즉, 지속 가능한 행복 연구는 개인의 행복과 웰빙을 추구하기 위한 개인의 선택이 다른 사람과 자연환경에 미치는 영향을 고려한다. 지속 가능한 행복 연구는 우리가 어떻게 하면 모두의 행복에 기여하는 방식으로 지속 가능한 삶을 영위할지에 대한 질문을 던진다. 여기서 소개하는 지속 가능한 행복과 교육을 통한 실천 방법은 해답을 찾는 데 도움이 될 것이다.

지속 가능한 행복의 이론적 배경

Brickman & Cambell(1971)이 제시한 쾌락 적응 이론에 따르면, 무언가를 소비하여 얻은 행복이나 만족감은 시간이 지나면서 사라지게 된다. 이는 아무리 좋은 일이 생겨도 시간이 흐르면 행복한 느낌이 처음 상태로 돌아간다는 걸 의미한다. 이 때문에 사람들은 계속해서 더 많이 소비하려는 '쾌락 쳇바퀴' 현상이 나타난다고 말한다. Kasser(2006)는 소비 사회에서 사람들이 많은 재화를 좋은 삶으로 잘못 인식하게 되며, 이러한 끝없는 행복 추구가 종종 다른 사람이나 환경을 해치게 된다고 지적하고 있다. 따라서 우리는 일시적인 행복이 아닌 지속 가능한 행복을 찾아야 한다. O'Brien(2005)은 개인이나 공동체, 국가가 어떻게 행복을 추구하고 그 결과가 무엇인지 알아보는 과정에서 '지속 가능한 행복'이라는 개념을 만들었다. 지속 가능한 행복은 "다른 사람이나 환경, 미래 세대에게 해를 주지 않고 우리와 주변의 안녕에 기여하는 행복"이다. 이 개념은 행복에 관한 연구를 넓히고 지속 가능성과 지구상의 모든 생명체가 서로 의존하고 있다는 관점을 강화한다. 또한, 우리 각자가 다른 사람의 행복과 환경에 어떤 영향을 미칠 수 있는지를 강조한다. 지속 가능한 행복은 교육과정의 모든 영역, 학교 정책, 그리고 실천에 적용될 수 있다.

UN은 우리와 미래 세대의 삶을 더 나아지게 하는 데 교육이 얼마나 중요한지 알리기 위해 2005년부터 2014년까지를 'UN 교육 및 지속 가능한 개발의 10년'으로 지정하였고 그 이후로도 계속해서 교육의 중요성을 강조하고 있다. 기후 변화, 환경 파괴, 그리고 재생 불가능한 자원의 감소와 같은 문제가 점점 심각해지는 오늘날이다. 초중등 교육과정에 지속 가능성을 포함하려는 현재의 노력이 충분하다고 보기는 어렵다.

우리 교육 시스템은 모두에게 좋은 미래를 만들어 주는 중요한 역할을 해야 한다. 그런데 어떻게 교육을 이용해서 더 나은 미래를 만들 수 있을까? 그냥 학교에서 재활용 프로그램이나 환경 동아리를 운영하는 것만으로는 부족하다. 우리는 21세기에 맞는, 지속 가능한 미래를 위해 더 많은 책임을 지는 교육 방법을 찾아야 한다. 이 책에서는 '지속 가능한 행복'이라는 새로운 개념을 소개하고, 이를 통해 학생들이 더 지속 가능한 삶을 살고 일할 수 있도록 돕는 방법을 간단히 설명한다.

지속 가능한 행복과 교육

지속 가능한 행복은 캐나다의 Cape Breton University를 시작으로 여러 도시 및 대학에서 선택과목으로, 학생들은 행복 연구와 지속 가능성과의 연관성을 학습한다. 교육의 구성은 지속 가능한 행복을 위한 기준 차트의 완성, 진정한 부와 소비 감소, 상호 의존성 지도 그리기, 감사의 표현, 행복 문해력, 그리고 지속 가능한 행복 프로젝트를 포함한다.

〈표 5-5〉에 제시한 지속 가능한 행복을 위한 기준 차트는 학생이 하루 동안 자기 행동과 경험을 모니터링하고, 이것이 자신과 타인 그리고 자연환경에 미치는 긍정적 또는 부정적 영향을 조사하여 완성한다. 또한 학생 자신과 타인 그리고 자연환경의 웰빙을 개선할 수 있는 또 다른 기회가 무엇인지 고려하는 시간을 갖는다. 기준 차트는 각 개인에게 패턴을 보여 주는 예비 단계이다. 이 활동을 통해 그들은 공정 거래가 아닌 커피를 마시는 것과 같은 일부 활동이 일시적인 즐거움의 경험을 가져올 수 있지만, 다른 활동에는 부정적인 결과를 가져온다는 것을 알 수 있다. 또한 자신의 웰빙에 도움이 되는 활동들이 자동차의 사용을 줄이거나, 가족 구성원과 시간을 보내도록 동기를 부여하거나, 스트레스를 줄여 다른 사람들과 건강한 관계를 맺는 것과 같은 다른 이점도

표 5-5 지속 가능한 행복 기준선 차트

이번 주에 하루를 선택해 나만의 활동 기록을 최대한 상세하게 작성하세요.
(상황에 따라 하루 이상 작성할 수도 있음)

시간	나의 활동	감정적 경험	자신에 대한 영향	타인에 대한 영향	자연에 대한 영향

*나 자신의 웰빙, 타인의 웰빙 및/또는 자연 환경을 개선할 수 있는 분야에 대한 활동

있을 수 있다는 점을 깨닫는다.

Anielski(2007)는 학생들이 사람들과의 관계, 자연의 아름다움, 이웃에 대한 신뢰 같은 비물질적인 가치들을 탐색하도록 '진정한 부'라는 주제를 도입하였다. 이를 통해 학생들은 자신들에게 진정으로 소중한 것이 무엇인지 생각하고, 그러한 가치를 키우거나 재생 불가능한 자원 사용을 줄일 방법을 찾게 된다. 이 과정은 학생들이 자신이 소비하는 것이 자신의 진정한 부의 유지에 어떻게 영향을 미치는지 생각하도록 도와준다. 예를 들어, 쇼핑에 중독되었다고 말한 일부 학생들은 구매하기 전에 정말 필요한 것인지 아니면 단순히 원하는 것인지 구별하기 위해 스스로 전략을 세운다. 한 학생은 물건을 사기 전에 10초 동안 멈춰서 생각하는 습관을 들이면 충동적 구매를 줄일 수 있다는 것을 깨달았다. Brown & Kasser(2005)의 연구에서 나타난 흥미로운 점은 진정한 행복이 물질적인 부나 과소비와는 별로 관련이 없다는 사실이다.

학생들은 자신, 타인, 자연환경, 사용하는 자원, 그리고 자신을 현재의 모습으로 만든 역사·문화적 사건들 사이의 연결 고리를 파악하여 상호 의존성 지도를 만들었다. 이 지도를 만드는 하나의 방법은, 교실이나 사무실에 있는 단 한 장의 종이가 존재하기까지 영향을 준 모든 요소를 고려하는 것이다. 예를 들어, 이 종이가 나무 펄프로 만들어졌다면 지도에는 태양·바람·흙·물 같은 자연 자원과 종이 사용에 영향을 준 발명품, 나무를 베고－운반하고－종이로 만드는 데 사용된 기계, 그리고 이 모든 과정에서 필요한 사람들이 포함된다. 이 활동은 학생들이 자기의 삶이 매일 가까이 또는 멀리 있는 다른 사람들의 영향을 받고 있음을 인식하게 해 준다. 따라서 이 지도에서 작은 변화라도 큰 결과를 가져올 수 있다. 예를 들어, 공정무역 커피로 전환함으로써 학생들은 자신이 멀리 떨어진 나라의 사람들과 어떻게 연결되어 있는지를 알게 된다.

감사함은 긍정적인 행복과 관련이 있다. 학생들은 고마움을 전하기 위해 편지를 쓰고, 작은 것에 감사를 표하고, 축복을 헤아리며 단순한 감사 활동의 영향을 깨닫고 놀란다. Hamilton & Denniss(2005)가 아주 많이 가지고 있어도 절대 충분하지 않아 더욱 많이 소유하고자 하는 소비지상주의를 의미하는 '어플루엔자(Affluenza)'라는 용어를 만들었는데, Affluenza는 Affluent와 Influenza의 합성어이다. 감사함에 대한 학습으로 학생들은 더 많은 '물건'을 위해 노력하기보다는 현재 우리가 가진 것에 감사하는 마음이 '어플루엔자'를 없앨 수 있다는 것을 알게 된다. 따라서 감사함을 실천하는 것은 진정한 충족감을 느끼기 위한 것이기도 하다.

행복 문해력 수업에서는 사회와 문화가 우리 행복에 어떤 영향을 미치는지를 탐구한다. 우리는 학습에 있어 누가 우리에게 무엇을 가르치는지 생각해 본다. 학생들은 자신이 알고 있는 가장 행복한 사람을 인터뷰하여 그 사람이 행복에 기여한 것들이 무엇인지, 어려움을 어떻게 극복하였는지, 그리고 그 과정에서 얻은 교훈이 무엇인지 알아내었다. 학생들은 8세 어린이부터 노인에 이르기까지 다양한 사람들을 인터뷰하였다. 이를 통해 학생들은 행복한 사람들이 가족, 친구, 공동체, 의미 있는 활동을 중요하게 여기며 물질적인 것에 크게 집착하지 않는다는 사실을 발견하였다.

모든 학생은 지속 가능한 행복 프로젝트를 완성해야 한다. 프로젝트는 지속 가능한 행복을 반영하며 개인, 집단, 그리고 지구환경의 웰빙에 기여해야 한다. 일부 학생들은 개선해야 할 구체적인 영역을 다루는 프로젝트를 선택하기 위해 기준 차트를 작성하였다. 예를 들어, 한 학생은 자신의 과도한 소비 습관을 개선하고자 큰 차량에서 작은 차로 바꾸기로 하였다. 큰 차를 가진 동안 그는 친구들과 시간을 보내기보다 차량 관리에 더 많은 시간을 소비하였다. 차를 바꾼 후, 그는 친구들과 더 많은 시간을 보내게 되었고, 온라인에서 불필요한 물건을 구매하는 습관도 줄이기 시작하였다. 이제 그는 필요하지 않은 물건을 구매하고 싶을 때, 그 충동이 가라앉길 기다리고, 24시간 후에도 여전히 구매하고 싶다면, 그 제품이 어디서 만들어졌는지, 인간과 환경에 어떤 영향을 미치는지, 그리고 보다 환경친화적인 옵션에 대해서도 알아본다. 그 후에도 여전히 구매하고 싶다면, 한 달 동안 기다려서 구매 욕구를 완전히 잃을 때까지 기다린다. 이 프로젝트의 목적은 학생들이 지속 가능성을 받아들이고 자신의 웰빙과 연결하여 일상에서 글로벌 웰빙에 공헌할 수 있는 능력을 깨닫도록 하는 것이다.

결론적으로 학습자는 지속 가능한 행복을 위한 교육으로 행복에 대한 새로운 가치관을 형성하고, 나아가 지속 가능한 행복을 추구하는 삶의 태도와 방식의 변화를 이끈다. 이는 결국 개인, 가족, 지역사회 및 인류의 지속 가능한 삶의 방식에 기여할 것이다. 21세기의 지속 가능한 행복을 위한 교육의 중요한 과제는 개인의 의식 고취를 넘어 지속 가능한 행동을 촉진하는 것이다. 지구상의 생명을 위협하고 말로 표현할 수 없는 인간의 고통을 야기하는 지구 위기는 액면 그대로 행복과 무관해 보인다. 그러나 정책과 행동을 바꾸려는 수십 년간의 환경교육에도 불구하고 우리는 지속 불가능한 궤적을 충분히 바꾸지 못하고 있다. 지속 가능한 행복은 스스로를 환경운동가라고 절대 생각하지 않거나 환경친화적인 행동 강요에 싫증을 느끼는 사람들의 관심을 끌 수 있다. 또한 우리가 상호 의존적이라는 것을 깨닫는 학생들을 위해 혁신적인 변화를 만들어 낼 수 있다. 지속 가능한 행복은 모든 국가의 환경교육 및 지속가능발전교육을 보완할 수 있고, 이를 통해 학생들을 참여시키는 것은 그들의 사생활, 공동체, 그리고 지구의 웰빙에 의미 있는 연결을 제공할 것이다.

참고문헌

김도훈, 이미숙, 홍영교, 최현아. (2006). 청소년의 시스템사고 교육을 통한 창의성 기반이 되는 사고의 확장 효과 분석. 한국시스템다이내믹스연구, 7(1), 51－65.

김동환. (2004). 시스템사고. 성남: 선학사.

김상욱. (2018), 시스템사고와 창의. 청주: 충북대학교 출판부.

김추령, 김한솔, 민정희, 윤순진, 이진우, 채수미, 최경호. (2022). 아주 구체적인 위협: 유네스코가 말하는 기후 위기 시대의 달라진 일상. 서울: 도서출판 동아시아.

김형욱, 문성윤. (2017). 시스템사고 기반 STEAM형 ESD 프로그램이 초등학생의 환경소양 및 시스템사고 능력에 미치는 영향. 환경교육, 30(1), 85－102.

문병찬, 송진여. (2012). 초등학생들의 시스템사고 교수－학습 효과. 한국시스템다이내믹스연구, 13(4), 81－99.

박병열. (2022). 서비스러닝: 환경문제를 다루기 위한 과학교육의 새로운 접근. 과학교육연구지, 46(3), 278－292.

박경숙, 이현동, 이효녕, 전재돈. (2019). 시스템사고 평가 루브릭을 활용한 예비교사들의 지구 시스템 내 탄소 순환에 대한 시스템사고 수준 분석. 한국과학교육학회지, 39(5), 599－611.

박병열, 이효녕. (2014). 중등 과학 영재학생들의 시스템사고력 향상을 위한 융합인재교육 프로그램의 개발 및 적용. 영재교육연구, 24(3), 421－444.

박한호. (2017). 미래사회에서 위기관리의 인간의 역할과 가치논의. 한국시큐리티융합경영학회지, 6(2), 26-32.

배경석, 김서현, 손연아. (2023). 과학교육에 활용 가능한 시스템사고 교수학습 모형(SEST) 및 생명과학 교육 프로그램 개발. 생물교육, 51(4), 586-609.

배경석, 최재혁, 문예진, 지덕영, 이태호, 손연아. (2022). 시스템사고 접목 과학수업 모델 개발 및 타당화에 관한 연구. 한국시스템다이내믹스연구, 23(2), 5-30.

이준기, 신세인, 하민수. (2018). 복잡한 문제 해결에 대한 복잡한 문제: 유형과 수준 그리고 과학교육 현장에서의 의미 현장과학교육, 12(4), 417-436.

이현동, 이효녕. (2017). Iceberg(IB) 모델을 적용한 고등학생의 시스템사고 분석 및 효과. 한국과학교육학회지, 37(4), 611-624.

이효녕, 권용주, 오희진, 이현동. (2011). 고등학생들의 시스템사고 향상을 위한 교육 프로그램 개발 및 적용 -지구 온난화를 중심으로-. 한국지구과학회지, 32(7), 784-797.

임미원. (2014). 벡의 위험사회론에 대한 기초적 고찰. 법학논총, 31(1), 197-217.

전재돈, 이효녕. (2015). 고등학생을 위한 시스템사고 기반의 융합인재교육 프로그램 개발 및 적용 효과. 한국과학교육학회지, 35(6), 1006-1018.

정창권. (2020). 문학작품 모델링을 활용한 융합교육에 관한 탐색적 연구 - 햄릿 모델링을 중심으로. 한국시스템다이내믹스연구, 21(1), 61-85.

조규동, 김형범. (2017). 시스템사고에 기반한 STEAM 교육 프로그램이 기후변화 학습에 미치는 영향. 한국콘텐츠학회 논문지, 17(7), 113-123.

Almirall, E., & Wareham, J. (2011). Living Labs: Arbiters of mid-and ground-level innovation. *Technology Analysis & Strategic Management, 23*(1), 87-102.

Anielski, M. (2007). *Economics of happiness: Building genuine wealth.*

Gabriola Island: New Society Publishers.

Assaraf, O. B–Z., & Orion, N. (2005). Development of systems thinking skills in the context of earth system education. *Journal of Research in Science Teaching, 42*(5), 518–560.

Assaraf, O. B–Z., Doric, J., & Tricot, J. (2013). High schoo students' understanding of the human body system. *Research in Science Education, 43*(1), 33–56.

Ballon, P., & Schuurman, D. (2015). Living labs: Concepts, tools and cases. *Info, 17*(4), URL=https://doi.org/10.1108/info–04–2015–0024.

Barbrook–Johnson, P., & Penn, A. S. (2022). Systems Mapping. Cham: Palgrave Macmillan.

Beck, U. (1986). *Riskikogesellschaft: Auf dem weg in eine andere moderne*. Frankfurt am Main: Suhrkamp.

Brickman, P. & Campbell, D. T. (1971). Hedonic relativism and planning the good society. In M. H. Appley (Ed.), *Adaptation-level theory* (pp. 287-305). New York: Academic Press.

Bringle, R. G., Clayton, P. H., & Hatcher, J. A. (2013). Research on Service Learning: Conceptual Frameworks and Assessments. In P. H. Clayton, R. G. Bringle, & J. A. Hatcher (Ed.), *IUPUI series on service learning research* (pp.3–21). Sterling, VA: Stylus Publishing.

Brown, K. & Kasser, T. (2005). Are psychological and ecological well-being compatible? The role of values, mindfulness and lifestyle. *Social Indicators Research, 74*, pp.349–368.

Clark, I. F., & Zeegers, Y. (2015). Challenging students' perception of sustainability using an earth systems science approach. *Journal of Geography in Higher Education, 39*, 260–274.

Clement, J. (2000). Model based learning as a key research area for science education. *International Journal of Science Education, 22*(9), 1041–1053.

Compagnucci, L., Spigarelli, F., Coelho, J., & Duarte, C. (2021). Living Labs and user engagement for innovation and sustainability. *Journal of Cleaner Production, 289*, 125721.

Cottafava, D., Ascione, G. S., Corazza, L., Dhir, A. (2022). Sustainable development goals research in higher education institutions: An inter–disciplinary assessment through an entropy–based indicator. *Journal of Business Research, 151*, 138–155.

Elmas, R., Arslan, H. Ö., Pamuk, S., Pesman, H., & Sözbilir, M. (2021). System thinking approach in science education. *Journal of the Turkish Chemical Society Section C: Chemistry Education, 6*(1), 107–131.

Fullan, M., & Langworthy, M. (2013). Towards a new end: New ped–agogies for deep learning. Seattle, Washington: Collaborative Impact.

Gemeinsam Digital. (no date). Gemeinsam digital for a smart city: Visionary designs and specific construction plans: the capital's strategy for a smart city. URL=https://gemeinsamdigital.berlin.de/en/

Hamilton, C. & Denniss, R. (2005). *Affluenza: When too much is never enough*. Crows Nest NSW: Allen & Unwin.

Hopkins, C. (2013). Educating for sustainability: An emerging purpose of education. *Kappa Delta Pi Record, 49*, 122-125.

Howard, P., & O'Brien, C. (2017, May 17). Attributes of a living school. Sustainable Happiness. URL=http://sustainablehappiness.ca/sh–extra/attributes– of–a–living–school/

Howard, P., & O'Brien, C. (2018). Living schools and practices. Living schools. URL=https://www.livingschools.world

Kali, Y., Orion, N., & Eylon, B. S. (2003). Effect of knowledge integration activities on students' perception of the earth's crust as a cyclic system. *Journal of Research in Science Teaching, 40*(6), 545－565.

Kasser, T. (2006). Materialism and its alternatives. In M. Csikszentmihalyi & I. Csikszentmihalyi (Eds.), *A life worth living: Contributions to positive psychology* (pp.200－214). Oxford: Oxford University Press.

Kershaw, J. (2012). Shifting minds: Our vision and framework for 21st century learning in Canada (Pt 2). URL=http://c21canada.org/tag/7c/

Mahaffy, P. G., & Elgersma, A. K. (2022). Systems thinking, the molecular basis of sustainbility and the planetary boundaries framework: Complementary core competencies for chemistry education. Current *Opinion in Green and Sustainable Chemistry, 37*, 100663.

Massachusetts Institute of Technology (MIT) (n/d). Defining living labs. URL=https://sustainability.mit.edu/defining－living－labs

Mirella, D. A. (2022). Nature and education. The historical heritage of open－air schools in Italy. *Espacio, Tiempo y Educación, 9*(2), 1－16.

Molz, J. G. (2017). Learning to feel global: Exploring the emotional geographies of worldschooling. *Emotion, Space and Society, 23*, 16－25.

Oakes, J., Maier, A., & Daniel, J. (2017). *Community Schools: An Evidence－Based Strategy for Equitable School Improvement*. Boulder, CO: National Education Policy Center.

OECD. (2019). Systemic Thinking for Policy Making. Paris: OECD.

Ottosson, M. (no Date). Stockholm Royal Seaport. URL=http://www.s3c－project. eu/News/83/StockholmRoyalSeaport.html

O'Brien, C. (2005). Planning for sustainable happiness: Harmonizing our internal and external landscapes. Paper prepared for the 2nd International Conference on Gross National Happiness, Nova Scotia, Canada.

O'Brien, C. (2010). Sustainability, happiness and education. *Journal of Sustainability Education, 1*,

O'Brien, C. (2016). Education for sustainable happiness and well–being. Routledge. O'Brien, C., & Howard, P. (2016). The living school: The emergence of a transformative sustainability education paradigm. *Journal of Education for Sustainable Development, 10*(1), 115–130.

O'Brien, C., & Howard, P. (2016). The living school: The emergence of a transformative sustainability education paradigm. *Journal of Education for Sustainable Development, 10*(1), URL=https://doi.org/10.1177/0973408215625549

Provinzano, K. T., Sondergeld, T. A., & Knaggs, C. M. (2020). Community Schools as a Sustainable Comprehensive School Reform Strategy; A Transformative Mixed Methods Perspective. *Mid–Western Educational Researcher, 32*(1), 3–30.

Riess, W., & Mischo, C. (2010). Promoting systems thinking through bi–ology lessons. *International Journal for Science Education, 32*, 346–364.

Riley, G. (2017). Worldschooling; Homeschooling away from home. *International Journal of Education, 9*(1), 186–191.

Schuler, S., Fanta, D., Rosenkraenzer, F., & Riese, W. (2018). Systems thinking within the scope of education for sustainable development (ESD) – A heuristic competence model as a basis for (science) teacher education. *Journal of Geography in Higher Education, 42*(2), 192–204.

Schuurman, D., & De Marez, L. (2012). Structuring user involvement in panel–based Living Labs. *Technology Innovation Management Review, 2*(9), 31–38.

Sentz, J., & Stefaniak, J. (2019). Instructional heuristics for the use of worked examples to manage instructional designers' cognitive load while problem-solving. *TechTrends, 63*(2), 209-225.

Sverdrup, H. U. (2019). The global sustainability challenges in the future: The energy use, materials supply, pollution, climate change and inequality nexus. In J. Meadowcraft, D. Banister, E. Holden, O. Langhelle, K. Lennerud & G. Gilpin (Eds.), *What next for sustainable development?* (pp.49-75). Cheltenham: Edward Elgar Publishing.

Sweeney, L. B., & Sterman, J. D. (2000). Bathtub dynamics: Initial results of a systems thinking inventory. *System Dynamics Review, 16*(4), 249-286.

The Research Centre on Zero Emission Building. (2015). *Annual report 2015*. Trondheim: Norwegian University of Science and Technology.

Thyssen, G. (2018). Boundlessly entangled: non-/human performances of education for health through open-air schools. *Paedagogica historica, 54*(5), 659-676.

Transformative Social Innovation Theory. (2014). Living labs: Living lab Eindhoven (Netherlands). URL=http://www.transitsocialinnovation.eu/sii/living -labs-3

Verhoeff, R. P., Knippels, M-C. P. J., Glissen, M. G. R., & Boersma, K. T. (2018). The theoretical nature of systems thinking: Persepctive on systems thinking in biology education. *Frontiers in Education, 3*, 40.

Wallace-Wells, D. (2020). 2050 거주불능 지구. 파주: 청림출판(주) (원본출판: 2019).

WEF. (2016). *The future of jobs employment, skills and workforce strategy for the fourth industrial revolution*. Geneva: World Economic Forum.

Zhao, Y. (2012). *World class learners: Educating creative and en-trepreneurial students*. Thousands Oaks: Corwin.

Chapter

06

환경 · 지속가능발전교육 사례

01

대학-기업-지자체-학교의 연계 사례

지역 사회 연계를 통한 교육은 환경, 문화, 경제적 상황 등의 지역적 특성을 고려하여 지역 내의 자원을 교육에 활용할 수 있다는 점에서 의미가 있다. 이 절에서는 지역 사회 구성원들의 참여를 바탕으로 한 환경 · 지속가능발전교육의 첫 번째 사례로 '대학 – 기업 – 지자체 – 학교의 연계' 프로그램 'A기업과 C대학생이 간다'를 소개한다.

프로그램의 배경

B시는 '환경교육의 활성화 및 지원에 관한 법률 제27조'에 따라 2022년에 환경부로부터 환경교육도시로 지정되어 환경교육을 위한 기반 마련, 학교 및 사회 환경교육 활성화, 환경교육을 위한 협력 강화 등을 위해 힘쓰고 있다. A기업의 경우, ESG(Environment, Social, Government)를 추구하면서 사회적 책임을 넘어 환경과 기후에 대한 책임을 강조하고 있다. 이 기업은 일상 생활 속 탄소중립 실천 활동을 위한 ESG 기반 탄소 제로 애플리케이션을 개발하였으며, 이번 프로그램에 함께하면서 지

역 청소년들이 이러한 노력에 동참할 수 있도록 하였다.

청소년들은 지역 사회 현장에서 환경 및 기후 변화 문제와 관련하여 여러 가지 문제들을 직접 접하고 있지만 그에 적절히 대응하기 위한 정보나 기회가 충분하지 않다. 따라서 이러한 프로그램을 통해 지자체와 기업, 교육 기관들이 협력하여 지역 청소년이 기후 위기에 대응하고 환경 실천 행동에 참여할 수 있는 교육 및 학습 기회를 제공하기 위해 지역의 대학부설 연구소, 교육재단 등의 교육 지원 기관들이 함께하는 교육의 장을 마련하였다.

프로그램의 기획

이 프로그램은 기업, 대학 및 초·중등학교를 포함하는 교육 기관, 교육 지원 기관, 그리고 지자체가 협력하여 지역 청소년들에게 지속가능발전목표 이행을 위한 교육 및 학습 기회를 제공하기 위해 기획되었다. 이 프로그램은 약 8개월간의 기획 후, 같은 지역에 위치한 A기업, 지역교육지원청, C대학교 부설연구소, 자원봉사센터, D교육재단, 그리고 5개 지역 초·중등학교와 관련 기관 및 단체가 네트워크의 주체로서 참여하였다.

이 과정에서 기업은 환경 행동 실천을 위해 자체 개발한 탄소 제로 애플리케이션을 제공하고, 교육 기관 및 교육 지원 기관은 교육과 관련된 인프라와 인력을 제공하였다. 특히, B시와 C대학교는 이들 기관과 단체들이 효과적으로 소통하고 협력할 수 있는 구조와 자원을 제공하는 데 중추적 역할을 하였다.

프로그램 운영을 위해 C대학교 '대학생 환경교육단'을 구성하여 일정 시간 연수 과정을 거친 후, 초·중등학교 학생들에게 환경교육을 진행하였다. 환경교육에는 청소년들이 스스로 탄소 제로 애플리케이션을 활용하여 환경 행동을 실천하도록 돕는 것이 주요 내용으로 포함되었다. 이들 '대학생 환경교육단' 구성원 중 일부는 전공과 관련된 지식이나 역량을 활용하여 지역 사회 환경 문제를 해결하기 위한 리빙랩 활동에도 참여하였다. 초·중등학교 학생들은 이 교육을 통해 탄소 제로 애플리케이션을 활용하여 탄소 배출을 줄이는 방법을 배우고 실생활에서 실천하였다.

프로그램 활동 과정

프로그램에 참여한 개별 주체들이 가지는 목표는 조금씩 다를 수 있다. 예를 들면, 지자체는 환경교육도시로 자리 잡기 위한 기반을 마련하고, 협력을 통해 학교 및 사회 환경교육을 활성화하는 데 초점을 둔다. 기업은 프로그램에 자사가 개발한 모델을 적용하여 개선을 도모하고 나아가 사회적 책임을 다하는 것에 초점을 둘 수 있다. 또한 교육기관 및 교육 지원 기관은 학생들에게 환경교육과 관련된 양질의 교육 기회 제공이 목표가 된다. 대학 및 연구소는 교육과 관련된 연구 활동을 바탕으로 대학 교육의 질을 높이거나 교육과정을 개선하는 것을 목표로 한다.

각 주체의 특성에 따라 프로그램에 참여하는 목표가 다르지만, 모든 참여 주체는 '지역 청년과 청소년에게 양질의 교육 기회를 제공함으로써 기후 위기 대응 차원에서 환경을 위한 행동의 실천을 확산시킨다'는 공동의 목표를 설정하였다. 그리고 세부 추진 목표를 첫째, B시의

표 6-1 프로그램을 통한 애플리케이션 활용 교육 사례의 전체적인 과정

기획 및 운영 과정	핵심 활동
프로그램 기획	• 프로그램 유형별 세부 활동 기획 • 대학생 참여자 모집 및 선발 • 대학생 환경교육단 발대식
⬇	⬇
대학생 환경교육단 연수 & 학교섭외 및 교육일정 협의	대학생 환경교육단 연수 1단계 • 환경과 지속가능발전에 대한 토의 • 친환경 행동 실천을 위한 애플리케이션 소개 2단계 • 환경·지속가능발전교육 교수학습론(1) 강의 • 환경·지속가능발전교육 교수학습론(2) 강의 3단계 • 실습활동(환경교육 제안 및 시연) • 친환경 행동 실천 앱을 활용한 수업 계획 설계 학교섭외 및 교육 일정 협의
⬇	⬇
환경교육 실시	• 지역 내 5개 초·중등학교 대상(학급별 2차시 혹은 4차시) • 탄소제로 애플리케이션 활용 교육 및 환경 행동 실천 • 환경교육단 대학생 2인이 함께 환경 교육 실시
⬇	⬇
평가 및 피드백	• 성과 공유회(지역아동센터에 기금 전달) • 프로그램운영의 의미 공유와 피드백

SDG 4(양질의 교육) 이행을 위해 지역 사회(지자체, 교육청, 학교, 재단, 자원봉사센터 등)-기업-대학의 지속 가능한 네트워크 강화로 '모두를 위한 교육'을 진행하였다. 둘째, 산·학·연 협업을 통한 학교 환경교육 진행으로 지역의 환경 문제 해결 및 지역 사회 나눔으로 연계하여 지속가능한 사회를 위한 구성원으로서 역량을 강화하였다. 셋째, 교육 자원봉사 활성화로 소통과 협력을 통한 지역 교육 문화 형성 및 지역과 함께 성장하는 교육 공동을 실현하고자 노력하였다. 넷째, 지역 교육 공동체의 건강하고 자발적인 학교 참여 문화 정착 및 교육 격차 해소로

설정하고 목표 달성을 위해 협력하였다.

'A기업과 C대학생이 간다' 프로그램은 2023년 5월부터 12월까지 진행되었으며, 핵심 활동 내용은 C대학교 학부생들로 구성된 환경교육단이 같은 지역인 B시의 초·중등학교 학생들을 위한 환경교육에 참여하여, 학교 및 생활 속 환경 행동을 실천하도록 하는 것이다. 프로그램의 핵심 활동은 〈표 6-1〉과 같다.

내용을 구체적으로 살펴보면, 지역에 대한 이해를 포함하는 환경교육 진행 후, 탄소 제로 애플리케이션을 초·중등학교 학생들이 생활 속에서 지속해 활용할 수 있도록 안내하고, SV(사회적 가치 Social Value) 포인트를 쌓을 수 있게 하였다. 또한 환경교육단의 일부 대학생들은 지역 초·중등학생들을 교육한 이후에 탄소 제로 애플리케이션 확산에 더하여 리빙랩 활동을 통해 전공지식을 활용하여 지역 사회 환경 문제를 해결하기 위한 전략을 제안하였다.

이 프로그램을 통해 환경교육을 받은 학생들이 환경 행동 실천으로 쌓은 SV 포인트는 최종적으로 성과 공유회를 통해 지역아동센터에 기금

그림 6-1 프로그램의 핵심 활동

으로 전달하여, 지역의 결식 우려 아동을 위한 도시락 나눔에 쓰였다.

그리고 환경교육단 대학생 참여자들은 추가적으로 경진 대회를 통해 리빙랩 활동에서 이룬 결과물을 공유하고 실현 가능성에 대해 깊이 있게 토의하는 시간을 가졌다. 이 프로그램의 핵심 활동은 [그림 6-1]에 나타내었다.

추진 결과 및 시사점

이 프로그램 사례는 기업, 지자체(시청), 교육지원청, 대학, 연구소, 자원봉사센터, 초·중등학교 등의 여러 기관과 단체가 참여한 네트워크 기반의 환경·지속가능발전교육 프로그램으로 주목할 만한 성과를 보였다. 프로그램 운영 결과 및 시사점을 정리하면 다음과 같다.

첫째, 실생활에서 환경 행동을 실천하고 그 내용을 데이터화하였다는 점이다. 실천 활동 횟수, 항목별 탄소 저감 내용 등을 확인할 수 있도록 가시화하였다는 점이 특징이다. 초·중등학교 학생들은 탄소 제로 애플리케이션을 통해 환경을 위한 실천 행동에 보다 쉽고 재미있게 접근할 기회를 만들었다. 실제로 이 프로그램을 통해 환경 수업에 참여한 인원은 2,909명, 애플리케이션 사용자는 1,770명으로, 이를 탄소 배출 저감량으로 계산하면 약 3,497,825g이며, 화폐 가치로 환산하면 약 16,184,410원으로 나타나 실제 프로그램 운영의 결과가 지역 사회의 탄소 배출 저감에 상당한 기여를 하였다고 볼 수 있다.

둘째, 이 프로그램을 통해 환경교육을 활성화하고 환경 문제 해결을 위한 인재를 양성하고 활용할 수 있었다. 대학의 우수 인재를 지역 환경교육 활성화와 환경 관련 문제 해결을 위한 과정에 핵심 자원으로 활용함으로써, 이 대학생들이 초·중등학교 학생을 대상으로 한 환경 수업 역량을 기르고, 나아가 자신들의 전공 지식을 활용하여 지역 사회 환경 문제 해결을 위한 해결 방안을 제안할 수 있었다. 대학생들이 제안한 결과물 중 일부는 개선 과정을 거쳐 실제 지자체의 환경교육 정책에 활용할 예정이다.

셋째, 이 프로그램이 지역 중심 네트워크를 기반으로 협력하였다는 점이다. 대학·연구소, 기업, 지자체, 학교 등 지역의 다양한 주체들이 협력하여 환경·지속가능발전을 위한 소통과 공감을 할 수 있었다. 하나의 프로젝트를 수행하는 데 있어서 여러 기관이 함께 할 때 이해관계에 따라 어려움을 겪는 경우가 있지만, 이 프로그램에서는 지역 청소년에게 양질의 교육 기회를 제공하고 기후 위기 대응을 위한 실천을 확산시킨다는 공동 목표 아래 여러 기관이 기획과 운영 과정에서 각각의 역할을 효과적으로 수행할 수 있었다.

이 프로그램은 환경·지속가능발전교육을 위해 지역 사회 여러 기관의 구성원들이 참여한 좋은 사례이다. 참여자들이 기후 위기와 환경 문제에 관심을 두고 환경·지속가능발전교육을 통해 환경 행동 실천으로 이어질 수 있도록 어떻게 협력하고 소통하였는지에 대해 의미 있는 시사점을 제공한다. 프로그램의 기획과 운영에 관한 구체적인 실천 내용은 다른 지자체나 교육 기관에서 환경·지속가능발전교육을 위한 의미있는 사례로 활용될 수 있을 것이다.

02

A시 환경교육주간 프로그램 운영 사례

지역 사회 구성원들의 참여를 바탕으로 한 환경·지속가능발전교육의 사례로 'A시 환경교육주간 프로그램' 운영 사례를 소개한다. 이 프로그램에서 대학은 핵심 주체가 되어서 지자체, 학교, 환경교육 네트워크 기관 및 단체 등 다양한 주체와 협력하였다. 이 프로그램은 초·중등 학생을 포함한 모든 시민의 환경 보전 의지를 높이고 지역 문제 해결을 위한 실천 행동을 활성화하기 위한 것이다.

추진 배경

환경교육주간 프로그램은 「환경교육의 활성화 및 지원에 관한 법률」 제23조에 따라서 2022년 처음 시작된 것으로, 국민에게 환경 보전의 의미를 알리고, 환경교육을 활성화하기 위해 환경부와 각 지방자치단체가 매년 개최하고 있다.

A시는 환경교육 전담팀을 신설하고, 환경교육도시에 걸맞은 환경

교육 활성화를 위해 지역 주민, 지자체, 기업, 대학교와 초·중등학교가 함께 노력하고 있다. 그리고 다양한 프로그램을 개발하고 운영하여 시민 스스로 친환경 생활을 실천하는 문화를 만들어 갈 수 있도록 지원하고 있다.

'환경교육주간 프로그램'은 지자체(A시)의 제안으로 B대학이 핵심 주체로서 운영하는 역할을 맡아, '좋다! 배우고 즐기고 나눌 수 있어서'라는 캐치프레이즈 아래, 다양한 환경교육, 체험 프로그램 및 친환경 생활을 위한 실천 행동의 내용을 담아서 진행하였다. 6월 5일 '환경의 날'을 포함하여 일주일간 환경교육 주간의 주요 프로그램을 운영하고 챌린지, 전시회 등 시민들이 참여하는 프로그램을 한 달 동안 진행하였다.

추진 목적 및 과정

환경교육주간 프로그램의 추진 목적은 '환경교육 도시 A시'의 '환경교육' 정체성을 확립하는 데 있다. 이 프로그램은 지역주민, 지자체, 기업, 교육·연구 기관이 함께하는 환경교육 접목 문화 프로그램으로 구성되었다. 세부 프로그램으로는 녹색생활 실천 챌린지, 환경 연극, 전시회, 환경교육을 위한 교사 워크숍, 캠퍼스 포럼, 환경교육 활동가 워크숍, 환경교육 아이디어 공유 및 사례 제안회, 환경교육 네트워크 단체별 운영프로그램(체험 환경 교실, 찾아가는 환경교육, 지역별 실천 캠페인) 등으로 다양하게 구성되었다.

참여 주체 중 대학의 부설연구소는 초기 단계부터 최종 단계까지 다양한 방법으로 적극적인 소통을 하며 각 세부 프로그램별 진행 시기 및 방법, 교육 대상, 현장 운영 등 프로그램 전반을 주도하였다. 프로그

표 6-2 환경교육 주간 프로그램 운영 기준안

구분	내용
계획	활동 장소, 내용이 참여자에게 안전한지, 적정한 인원이 참여하는지에 대한 검토와 우천, 대기 상황에 따른 대체 활동을 마련함
환경 행동	준비하고 있는 프로그램이 환경교육주간의 주제인 '기후 위기 그리고 플라스틱 오염'에 맞는 활동인지를 확인함. 또한 프로그램 운영 시 폐기물 발생을 최소화하고 불가피하게 발생하는 폐기물은 재활용 방안을 검토함
운영 내용	A시 환경교육주간 슬로건인 '좋다! 배우고 즐기고 나눌 수 있어서'에 부합하는 활동인지 프로그램 목표 및 내용 등을 검토함. 지속가능발전교육이 진행될 수 있도록 지역별, 나이별 다양한 시민들이 즐겁게 함께할 수 있는 활동으로 홍보, 신청, 참여의 접근성을 확보하였고, 또한 지속해서 실천 행동이 가능한 내용을 포함함
교육적 의미	프로그램이 시민들과 환경교육인에게 의미 있는 활동인지, 프로그램을 준비하고 진행하는 환경교육 운영진이 보람을 느낄 수 있는 활동인지에 대해 검토함
평가	평가 항목으로는 안전한 운영 관련(사전 점검 포함), 시민 참여도, 계획안의 이행 관련(내용, 일정 등), 환경교육자 참여도(준비 과정, 진행 과정 포함) 그리고 예산 사용의 적합성과 효율성 등이 포함됨

램 진행 과정은 가장 먼저 대학과 지자체가 추진위원회를 구성한 후, 환경교육 주간 프로그램에 참여할 지역 사회의 기관과 단체를 모집하였다. 세부 프로그램별 운영 주체들이 결정된 후, '운영 기준안'을 〈표 6-2〉와 같이 제시하여 프로그램을 체계적으로 기획하고 운영하였다.

환경교육주간 프로그램의 세부 내용 중에서 지역 사회 연계를 기반으로 운영 주체들이 협력하여 진행한 사례로 몇 가지를 들면 다음과 같다.

첫째, 문화·예술그룹-대학-지자체가 협력하여 진행한 사례로, 환경지킴이 그림 및 설치미술 전시회를 하였다. 지역의 미술관과 협력하여, 어린이와 학생들이 그린 환경지킴이 관련 그림, 그리고 사라진 벌에 관련된 설치미술과 영상으로 어린이를 동반한 부모들과 환경의 소중함을 알리는 환경교육을 하였다.

둘째, '가치 같이 콘서트(환경 연극)' 공연으로, 기후 위기로 인한 환경 문제를 노래와 연극을 통해 살펴보고 환경 보전의 가치를 생각해 볼 수 있게 하였다. 관객과 교감하는 형식의 환경 연극을 관람하고 환경 관련 퀴즈를 풀며 지속가능발전과 환경 보전의 가치를 이해하는 프로그램을 운영하였다.

셋째, 교육관계자그룹-대학-지자체가 협력하여 교사 역량 강화를 위한 워크숍을 실시하였다. 학교 환경교육 교사를 대상으로 기후사 특강을 통한 기후 위기에 대해 새롭게 접근하고, 교육과정과 연계하여 개발한 지역 기반 환경교육 과정안을 공유하는 등, 교사 역량 강화를 위한 워크숍을 실시하였다. 또, 지역에 있는 5개 대학이 참여한 환경교육 캠퍼스 포럼에서 탄소 중립 이행을 위해 대학(또는 학과)의 환경교육 현황을 알리고 연계 방안을 제안하였다. 다양한 학과의 교수진이 '환경공학, 공정 중심의 교과과정에서의 탈피', '다시, 목재 그리고 스마트 건축', '탄소 중립 시대에 환경 독성학 교육의 방향성', '초등 환경교육의 현실과 해야 할 일', '탄소 중립 환경-에너지 융합 인재 양성' 등 대학별 전문 분야 주제에 따라 발표하고 대학에서의 환경교육 활성화를 위해 토의하였다.

넷째, 환경교육 활동가를 위한 워크숍을 진행하였다. 환경교육 관련 기관·단체의 환경교육 활동가와 관계자가 함께 '네트워크 구축 및 네트워크 활성화', A시 환경교육 미래 방안으로 '환경교육 네트워크, 교육 정보 및 아이디어 공유' 등에 대해 토의하였다.

이 밖에도 민·관·산·학 다양한 운영 주체가 협력한 사례로는 녹색생활 실천 홍보 챌린지가 있다. 지자체와 대학, 자원봉사센터, 사회적 기업, 환경교육 단체가 함께 운영하여 유치원생부터 성인까지 다양한 연령대의 개인·단체·기관이 참여한 프로그램 사례이다.

또한, 환경교육 아이디어 제안회에서는 대학, 환경교육 기관·단체·개인, 지역 내외의 기업들이 함께 모여 생애 주기, 지역 등의 특성을 반영할 수 있는 새로운 환경교육 아이디어를 제안하였다.

추진 결과 및 시사점

환경교육주간 프로그램 운영은 지역 소재 5개 대학과 20여 개 기관, 단체, 초·중등학교가 연계하고 협업하여 17개의 주요 활동 및 교육을 진행하였으며 2,500여 명의 학생, 시민, 전문가가 참여하였다. 이 프로그램은 추진방향에 부합하는 다양한 주제의 세부 프로그램을 마련하여 새로운 분야와 형식을 시도한 점이 돋보였다는 평가를 받았다.

이 프로그램을 진행하며 나타난 시사점으로는, 환경교육 인적 자원 양성과 지속가능발전교육 역량 강화가 무엇보다 우선해야 한다는 점이다. 이를 통해 환경교육자가 주축이 되어 A시 전 지역에서 시민과 함께 지속 가능한 사회를 위한 환경교육주간 프로그램을 실행할 수 있는 기반을 마련할 필요가 있다.

다음으로는 대학이 지역 사회와 연계하며 지속가능발전교육을 실행하는 과정에서 중요한 점은 '기획 단계부터 단계별 네트워크 운영 주체들과 소통하는 것', '핵심 주체로서 실행력', '전체 프로그램에 대한 이해와 기획 역량', '다양한 네트워크 구성력' 등인 것으로 나타났다. 이러한 요소들은 단기간에 축적되거나 얻을 수 있는 부분이 아니므로 지역 사회와의 지속적이고 긴밀한 연계와 협력을 통해서 갖추어 나가야 할 것이다.

03

청소년 환경정책 제안 포럼 운영 사례

환경정책은 지역의 지속 가능한 문화 형성을 지원하여 지구환경을 보호하는 데 중요한 역할을 한다. 이는 생태계의 안정성과 생명체의 생존을 보장하며, 시민의 건강과 웰빙추구에 중요한 영향을 미친다. 환경정책은 정부 및 지자체뿐 아니라 여러 민간단체나 시민들의 적극적 참여를 통해 지속 가능한 미래를 위한 기반을 확립할 수 있다. 환경정책 참여와 관련하여, A시의 교육지원청, 지역 초·중등학교, B대학교 등이 협력하여 진행한 '청소년 환경정책 제안 포럼'에 대한 사례를 제시한다.

추진 배경

'청소년 환경정책 제안 포럼'은 초·중등학생들이 지역 사회 환경 문제를 해결하기 위해 정책을 제안하는 활동이 핵심을 이루고 있다. 환경·지속가능발전교육은 청소년들이 환경 문제 해결을 위해 참여와 실천을 강조한다. 이 프로그램의 기획과 운영에는 초·중등학생, 교사, 대학생, 지자체 환경 및 교육팀, 대학 부설 연구소, 기업 ESG 경영 추진

팀이 참여하였다. 이 프로그램은 특히 교육 기관 및 지역 사회 구성원들이 협력을 통해 학생들의 활동을 지원하고, 지역 사회와 긴밀히 연계된 문제들을 다룬다는 측면에서 매우 의미 있는 사례로 볼 수 있다.

포럼 운영의 과정 및 핵심 활동

'청소년 환경정책 제안 포럼'은 2022년도에 처음 시행되어 현재까지 운영되고 있다. 여기서 주안점을 둔 것은 학생 주도 기획과 운영, 네트워크 협력을 통한 지원, 지속 가능한 미래를 위한 환경 시민 육성 등이다.

'청소년 환경정책 제안 포럼 운영'은 청소년들이 기후 위기에 대한 올바른 인식을 바탕으로 환경을 위한 행동을 실천할 수 있는 역량을 강화하는 데 초점을 두고 있다. 이를 위해 사전 활동을 통해서 기후 위기 해결을 위한 정책을 생각해 보고, 정책 제안 활동에서 그 내용을 구체화하였다. 2023년도에는 8월부터 11월까지 운영되었으며, '기획', '준비 및 사전 활동', 그리고 정책 제안을 위한 포럼 '실행'의 단계를 거쳤다. 환경정책 제안 포럼의 기획 및 운영 과정과 그 핵심 활동은 〈표 6-3〉과 같다.

기획 단계에서는 지자체 환경 및 교육 담당자, 지역 대학 교육 연구소 연구원 등이 전문가 회의를 통해 프로그램의 방향과 틀을 설정하였다. 그리고 전년도 포럼에 참여하였던 학생들과 면담을 통해 프로그램 개선을 위한 의견을 수집하여 기획에 반영하였다.

준비 단계에서는 8명의 학생으로 이루어진 청소년 운영 위원회가 사전 활동 및 포럼의 세부 내용을 주도적으로 계획하도록 하였다. 사전

표 6-3 청소년 환경정책 제안 포럼 기획 및 운영 과정

기획 및 운영 과정	핵심 활동
포럼 운영 기획	• 포럼 기획 운영 전문가 그룹 회의 • 청소년 환경 포럼 진행 사전 회의 • 전년도 포럼 운영 결과 검토 • 청소년 운영위원회 구성 • 포럼 참가자 모집 및 선발
⬇	⬇
포럼 운영 준비 및 사전 활동	포럼 운영 준비 • 포럼 기획 운영 전문가 그룹 회의 • 청소년 운영위원회의 주도로 포럼 기획 사전활동 • 전년도 정책제안 활동 결과 공유 및 정책제안 방법 공유 • 환경 MBTI 확인 • 환경행동 실천 주제의 미니 특강 • 참가자 그룹별 환경 주제 토의 • 환경 포럼 슬로건 제안 및 어플리케이션 활용 탄소 중립 행동 실천
⬇	⬇
포럼 운영 실행	• 12개의 청소년 팀 구성 • 전년도 정책 제안 사례 및 정책 추진 결과 발표 • 탄소중립 실천 행동에 대한 토의 • 친환경 생활 실천 및 확산을 통한 생태환경 보전을 위한 구체적 실행 정책 구상 및 토의 • 구상한 정책에 대한 구체화 및 환경정책 제안 발표 • 지자체의 환경 및 교육 관련 부서에 환경정책 제안 보고서 제출

활동에서 정책을 제안하기 위한 절차나 방법을 알아보고, 전년도에 제안한 정책과 실제 적용 사례 등을 살펴보았다. 또, 개인이 환경을 대하는 성향, 친환경 소비에 대한 호감의 정도, 환경에 대한 관심도를 파악할 수 있는 환경 MBTI 검사를 하였다. 또 환경 행동 실천을 주제로 한

표 6-4 환경정책 제안 포럼에서 팀별로 도출한 정책

구분	주제	제안 정책 내용
1팀	생물 다양성	습지 조성을 통한 환경마을 만들기
2팀	환경 보건	안전한 등굣길! 오늘은 초록 신호등
3팀	시스템 I	학생 주도 환경 네트워크 마련
4팀	시스템 II	교내 스마트 활동지 운영과 스마트 게시판 설치
5팀	식생활(급식)	Begun Day in School
6팀	식생활(로컬푸드)	○○시 농산물 직거래 부스 운영
7팀	폐기물(에너지)	지역을 살리는 태양광 압축 쓰레기통 설치
8팀	폐기물(재활용)	도시 미관을 위한 새로운 쓰레기 용기
9팀	폐기물(디자인)	넛지 효과를 활용한 무단 투기 줄이기
10팀	폐기물(디자인)	전봇대 벽화 조성을 통한 도시 환경 개선
11팀	폐기물(회수기)	차등적 Y-보증금 반환 제도를 통한 효율적 무색 페트 분리배출 제도
12팀	폐기물(앱)	효과적인 분리배출을 위한 앱(Green Habit)

환경 관련 강의를 듣고, 기후 변화 및 환경 문제에 대해 토의하였다.

이 프로그램에서 초·중등학생들은 12개의 팀을 이루어 최종적으로 생물 다양성, 환경 보건, 식생활, 에너지, 폐기물 재활용 등을 주제로 다양한 정책을 제안하였다. 이후 12개의 팀은 정책 제안을 위한 토의를 바탕으로 실현할 수 있는 환경정책을 마련하고 발표하였다. 학생들이 제안한 환경정책 내용은 〈표 6-4〉와 같다.

추진 결과 및 시사점

청소년 환경 정책 제안 포럼 운영 결과, 교육과 환경 측면에서 의미 있는 시사점을 얻을 수 있었다.

첫째, 학생들은 환경정책을 제안하는 포럼을 통해 정책 마련에 직접 참여할 수 있음을 알게 되었다. 다양한 행위자가 참여하여 문제를 해결하는 과정은 실제로 많은 영역에서 활용되고 있다. 예를 들면, 도시 교통 혼잡 문제를 해결하기 위해 정부, 교통/운송 업체, 시민 단체가 협력하거나 교육 체계를 개선하기 위해 정부, 교육 기관, 학생, 학부모 등이 협력하는 등의 과정이 존재한다. '청소년 환경정책 제안 포럼'의 경우, 포럼에 참여한 학생들의 목소리가 직접 정책에 반영될 수 있다는 것은 환경 시민으로서 학생들이 책임감을 느낄 수 있게 하며, 정책 실행의 측면에서도 학생들이 주체적인 역할을 할 수 있도록 한다.

둘째, 학생들이 실생활에서 겪는 문제에 대해 생각하고 실천으로 나아갈 수 있게 하였다. 환경정책을 제안하기 위해 학생들은 실생활에서 직접 경험한 환경 문제를 찾아보고 해결 방법을 생각하는 기회를 가졌다. 실제로 학생들이 제안한 환경정책들은 식생활, 폐기물, 생물 다양성, 환경 보건 등이다. 이는 학생들이 실제 생활에서 겪는 경험들과 매우 밀접한 연관이 있었다. 또한, 환경 정책을 제안하기 위해 관련 문제에 대해 깊이 들여다보는 기회가 되었다.

셋째, '청소년 환경정책 제안 포럼'은 학생들이 주도적으로 기획하고 운영하였다. 학생들이 프로그램의 기획과 운영 과정에서 적극적으로 의사 결정을 하였으며, 이러한 가정에서 학생들이 책임감을 느끼고 주체적으로 참여할 수 있었다. 실제로 8명의 학생으로 이루어진 청소년 운영 위원회는 포럼의 기획과 운영의 전반에서 참여 학생들의 기대와 요구를 반영하는 데 매우 중요한 역할을 하였다.

넷째, 환경·지속가능발전교육을 위한 다양한 그룹의 네트워크가 만들어졌다. 학생들이 주도적으로 참여하는 과정에서, 학생들이 스스로 문제들을 해결할 수 있도록 지원하는 여러 주체의 뒷받침이 있었다. 교사, 대학생, 지자체 환경 및 교육팀, 대학부설 연구소, 기업 ESG 경영팀에서 각자의 위치에서 지원하며 협력하였다. 이러한 네트워크를 기반으로 한 협력을 통해 '청소년 환경정책 제안 포럼'을 성공적으로 운영할 수 있었다. 네트워크를 기반으로 한 협력은 환경·지속가능교육의 실효성을 위해 학교 환경교육 및 여러 사회 환경교육 현장에 효과적으로 적용될 필요가 있다.

04

대학-교육청-학교의 협력 프로그램 사례

A시형 캠퍼스 지역 협력 프로그램은 A시 교육청과 지역 대학 및 관련 기관 그리고 고등학교가 협력하여 고교학점제 도입에 대비함으로써, 학생들이 진로와 적성을 찾을 수 있는 다양한 교육 경험 제공을 목적으로 한다. A시 교육청이 프로그램을 주도하여, 교육 기관과 학교 간의 연계를 통한 교육 사업을 추진하였다. B대학교 부설 통합과학교육연구소는 환경교육에 특화된 교수학습 프로그램으로 수소 경제, 4차 산업혁명, ESG, 탄소 중립, 기후사, 환경교육 연극을 개발하였고 A시 11개 고등학교에서 고교학점제 수업을 진행하였다. 이 프로그램을 통해 학생들이 환경 보전과 지속가능발전 내용을 깊이 있게 이해하며, 환경 문제가 우리 사회와 미래에 미치는 영향에 관심을 두게 되었다.

추진 배경

A시형 캠퍼스 지역 협력 프로그램은 A시 소재 학교와 지역 사회 간의 연계를 통해 고교학점제 지원 시스템을 구축하기 위한 것이다. 이

프로그램은 고등학교의 교육 변화에 맞추어 대학 및 관련 기관의 교육 자원을 활용하는 것에 초점을 두고 있다. 지역교육청을 중심으로 대학 및 관련 기구가 협력하여 고등학생을 위한 교육과정을 개발하여, A시의 고등학교에 적용하였다. 이 프로그램의 운영 개요는 [그림 6−2]와 같다.

A시 교육청은 관내 고등학교의 고교학점제 운영을 지원하기 위해서, 4월부터 지역 사회의 대학, 청소년 재단, 문화 재단과 협력 방안을 논의하였다. B대학교 부설연구소는 환경 위기 대응 및 지속가능발전교육을 학교 교육과 지역 사회에 통합하는 프로그램 개발과 적용 경험이

그림 6-2 프로그램의 운영 개요

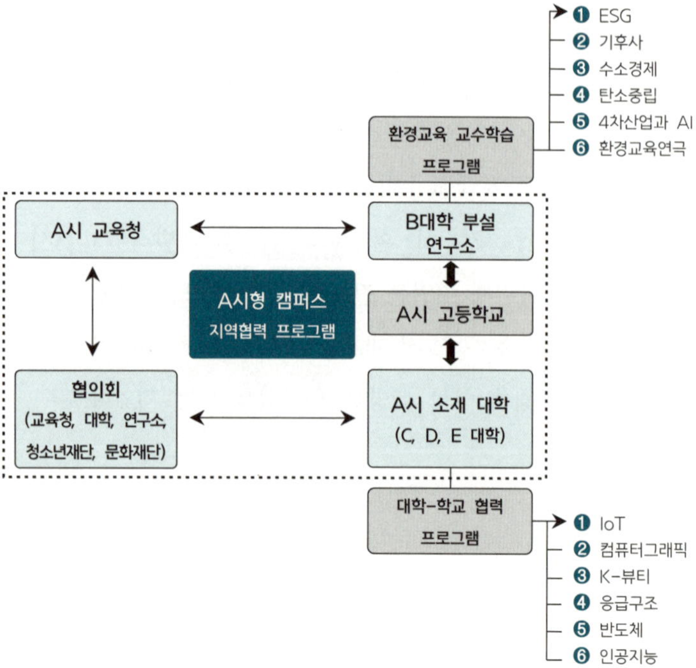

많기에, 대학-교육청-학교의 협력 프로그램 개발에 중요한 역할을 맡았다. 각 기관이 개발한 프로그램은 A시의 고등학교에서 학교 자율과정 및 유연한 교육과정을 통해서 운영하기로 하였으며, A시의 고등학교들은 학교 상황에 따라 고교학점제 운영 시간을 활용하여 다양한 수업을 진행하였다.

A시형 캠퍼스 지역 협력 프로그램에는 B대학교 부설연구소와 지역 사회에 있는 C, D, E대학교가 참여하였다. 각 대학교는 고등학교의 정규 교육과정에서 다루기 어려운 다양한 분야의 수업을 마련하였다. 예를 들어, C대학교는 푸드테크, 응급구조, K-뷰티 등을 중심의 수업을 운영하였고, D대학교는 3D프린터를 활용한 창작 과정, 반도체, 인공지능 관련 수업을, E대학교는 IoT, 컴퓨터그래픽 분야의 수업을 하였다. B대학교 부설연구소는 학교와 지역 사회 간의 유기적 연계를 통해 지속가능발전교육 모델을 기반으로, 수소 경제, 탄소 중립, 기후사, 4차 산업과 AI, 수소 경제, ESG 등 환경교육과 관련한 수업과 환경 연극을 준비하였다.

이러한 여러 분야의 수업과 활동을 통해, 학생들은 기존의 교육과정에서 접하기 어려운 여러 영역의 교육을 경험할 수 있었다. 이 프로그램은 학생들이 지속 가능한 미래를 위한 필수적인 역량뿐만 아니라, 사회적 책임을 강조하고 지속가능발전을 실현하기 위한 리더십을 갖추는 데 도움이 되었다.

추진 목적 및 과정

A시형 캠퍼스 지역 협력 프로그램 개발을 통해 교과 특성에 따라

표 6-5 에너지 대전환: 수소 경제

<table>
<tr><th colspan="2">주제</th><th colspan="2">강좌명</th></tr>
<tr><th colspan="2">수소 경제</th><th colspan="2">에너지의 대전환: 수소 경제</th></tr>
<tr><td colspan="2">목표</td><td colspan="2">- 수소 경제 개념 이해
- 수소 산업의 가치 이해
- 탄소 중립 달성을 위한 수소 경제의 역할</td></tr>
<tr><td colspan="2">강좌 운영 방안</td><td colspan="2">- 환경 문제 해결을 위한 '수소 경제' 역할에 대한 인식 제고
- 미래 산업을 주도하는 에너지 수소 경제 정책 정보 공유</td></tr>
<tr><td colspan="2">활동 자료</td><td colspan="2">- 자체 제작 자료 배포</td></tr>
<tr><th>시간</th><th colspan="2">교수요목</th><th>비고</th></tr>
<tr><td>1</td><td colspan="2">[수소 경제의 이해]
- 현재 에너지 시스템의 문제점 파악
- 지속 가능한 수소 경제로의 전환, 수소 에너지 개념 이해</td><td>PPT / 강의 및 토의</td></tr>
<tr><td>2</td><td colspan="2">[수소 산업의 가치 사슬과 연료 전지]
- 수소 산업의 가치 사슬과 연료 전지의 개념 이해
- 탄소 경제에서 수소 경제로의 전환
- 개별 활동 및 발표: 수소 에너지의 이점과 가능성, 수소 연료 전기차와 전기차의 차이점 분석하기</td><td>PPT / 개별 활동 및 발표</td></tr>
</table>

고교 방문 및 학과 체험이 가능한 총 32개의 새로운 수업을 마련하였다.

프로그램의 한 예로서, B대학교 부설연구소는 11개 고등학교에서 수소 경제, 탄소 중립, 기후사, 4차 산업과 AI, 수소 경제, ESG, 환경교육 연극의 6개 수업을 진행하였다. 이 연구소가 마련한 수업 프로그램 내용을 자세히 살펴보면 다음과 같다.

첫째, 〈표 6-5〉에 나타낸 수소 경제 수업은 수소 에너지의 기본 개념을 비롯하여, 수소 산업의 가치 사슬(Value-chain)과 연료 전지의 사용에 대해서 살펴본다. 수소 산업의 가치 사슬이란 수소의 생산, 저장, 운송, 활용의 단계를 의미한다. 학생들은 이를 통해, 기체 수소의 압축 및 저장 방법과 수소의 냉각 및 액화 저장 방법을 살펴보고, 수소

표 6-6 탄소 중립: 기후 변화의 대응

주제	강좌명
탄소 중립	탄소 중립: 기후 변화의 대응
목표	- 탄소 중립과 지구 온난화의 개념 이해 - 지속 가능한 탄소 중립 사회로 전환하기 위한 방안
강좌 운영 방안	- 탄소 중립 사회의 중요성을 제시 - 지구 온난화의 원인, 영향, 미래를 마인드맵으로 표현
활동 자료	- 자체 강의안 제작 배포

시간	교수요목	비고
1	[기후 변화에서 기후 재난으로] - 탄소 중립이란 무엇인가? - 기후 변화 원인과 전망	PPT / 강의 및 토의
2	[탄소 중립 사회로의 전환] - 기후저지선과 잔여 탄소 수지 - 2050 탄소 중립을 위한 노력과 과제 - 개별 활동 및 발표: 지구 온난화 마인드맵 작성	PPT / 개별 활동 및 발표

를 다양한 화합물 형태로 변환하거나 금속 등에 저장하는 방법을 학습한다. 그리고 연료 전지의 다양한 사용처를 학습한다.

이 수업은 현재 에너지 시스템인 화석 연료(석유, 천연가스)의 문제점을 살펴보면서, 친환경 재생 에너지의 필요성을 강조한다. 학생들은 기존의 탄소 경제에서 수소 경제로의 전환 과정을 이해하고, 수소 에너지가 미래 사회와 직업 패러다임에 어떤 영향을 미칠지에 대해 탐색하면서, 수소 에너지의 중요성과 역할에 대해 이해할 수 있다.

둘째, 〈표 6-6〉에 나타낸 탄소 중립 수업은 지속 가능한 미래를 위한 탄소 중립 사회로의 전환 방식을 탐구한다. 탄소 중립의 개념과 기후 변화의 원인과 전망, 그리고 미래의 탄소 중립 사회로 전환하기 위해서, 각 국가에서 사용하는 기후저지선(Global Warming Threshold)과 잔여 탄소 수지(Remaining Carbon Budget)의 개념을 알아본다.

기후저지선은 지구 평균 온도 상승을 특정 기준치 이하로 제한하는 목표이다. 파리 협정에서 국제 사회가 합의한 목표는 산업화 이전 대비 온도 상승을 1.5°C 이하로 유지하는 것이다. 잔여 탄소 수지는 지정된 기후저지선을 유지하기 위해 앞으로 배출할 수 있는 온실가스의 총량을 의미한다. 이는 산업화 이전 대비 1.5°C 또는 2°C 상승 목표를 달성하기 위해 남아 있는 탄소 배출 가능량을 정량적으로 나타낸 것이다. 각 국가에서는 이 개념에 따라서, 온실가스의 감축 목표를 설정하고, 탄소 중립을 향해 전환하는 노력을 실천하고 있다.

학생들은 이 수업에서 2050년 탄소 중립을 실현하기 위한 노력을

표 6-7 4차 산업혁명과 AI

<table>
<tr><th colspan="2">주제</th><th colspan="2">강좌명</th></tr>
<tr><th colspan="2">4차 산업혁명</th><th colspan="2">4차 산업혁명과 AI</th></tr>
<tr><td colspan="2">목표</td><td colspan="2">- 4차 산업의 역사와 개념 이해
- Edu-Tech의 이해
- AI 기술(챗 GPT, 미드저니 등)의 활용 방안</td></tr>
<tr><td colspan="2">강좌 운영 방안</td><td colspan="2">- 고등학생들에게 4차 산업 및 AI 분야에 대한 전반적 이해와 적용 사례 등 실제적인 정보를 제공
- 본 강좌를 통해 본인 진로 희망 분야에서의 AI 기술 적용성 탐구</td></tr>
<tr><td colspan="2">활동 자료</td><td colspan="2">- 자체 강의안 제작 배포</td></tr>
<tr><th>시간</th><th colspan="2">교수요목</th><th>비고</th></tr>
<tr><td>1</td><td colspan="2">[4차 산업 및 Edu-Tech의 이해]
- 4차 산업의 역사 및 미래 기술
- Edu-Tech의 정의 및 국내외 활용 현황</td><td>PPT /
강의 및 토의</td></tr>
<tr><td>2</td><td colspan="2">[AI 및 활용 분야의 이해]
- AI 활용 분야 소개(챗 GPT, 미드저니, 번역기 등)
- AI와 SDGs의 관계
- 토론 및 발표: AI와 4차 산업혁명이 직업 시장과 노동 환경에 미치는 영향에 대해 논의한다.</td><td>PPT/
개별 활동 및 발표</td></tr>
</table>

살펴보고, 지구 온난화의 다양한 원인과 영향, 대응 방안에 대해 직접적으로 고민하고 표현하는 시간을 갖는다.

셋째, 〈표 6-7〉에 나타낸 4차 산업과 AI 수업에서는 AI의 개념 및 역사적 발전 과정을 알아보고, 이 기술이 의료·금융·교육·제조업 등 다양한 분야에서 적용되는 사례를 탐구한다. 챗 GPT(Generative Pre-trained Transformer: 사전 학습된 생성형 변환기)와 생성형 AI의 다양한 활용 분야(언어, 시각, 청각, 의약품 개발, 맞춤형 교육, 자율주행 자동차)를 알아보며, AI를 이용한 SDGs의 달성 가능성에 대해서 살펴본다. AI는 지속가능발전목표의 달성을 가속하는 데 중요한 역할을 할 수 있다. 인공 지능은 대량의 데이터를 분석하여 미래 동향을 예측하고 모델링을 한다. 이는 교육, 예방적 의료 프로그램, 금융기술 혁신, 교육 지원, 에너지 효율화, 온실가스 감축 등의 분야에 이용될 수 있다. 또, 학생들은 AI 기술이 우리 삶을 어떻게 변화시키는지, 미래 직업 시장과 노동 환경이 어떤 영향을 받게 될지에 대해서 논의한다.

넷째, 〈표 6-8〉에 나타낸 ESG 수업은 기업의 환경적 책임(Environmental), 사회적 책임(Social), 건전한 기업 지배 구조(Governance)의 중요성을 이해하고 실천하는 경영 전략을 이해하기 위한 수업이다.

ESG 수업에서 '환경' 부분은 기업 활동이 환경에 미치는 영향과 이를 최소화하기 위한 전략을 알아보며, '사회' 부분에서는 고용 관행, 다양성과 포용성, 지역 사회와의 관계 및 사회적 영향 등, 기업의 사회적 책임에 초점을 맞춘다. '지배 구조' 부분은 기업의 투명성과 책임을 강조한다. 이 수업에서 코카콜라, 나이키 등 글로벌 기업들의 ESG 관련 활동을 제시하여, 기업이 환경 보호, 사회적 책임, 지속 가능한 비즈니스 전략을 어떻게 추구하는지 살펴보도록 하였다. 학생들은 기업의 ESG 경

표 6-8 ESG와 기후 위기

주제	강좌명	
ESG	ESG와 기후 위기	
목표	- 기후 위기와 경제 체제와의 관련성 이해 - 기후 위기 극복에 있어 기업과 소비자의 역할 이해	
강좌 운영 방안	- 기업의 환경적 책임, 사회적 책임 이해 - 다양한 기업의 ESG 활동에 대해서 이해	
활동 자료	- 자체 강의안 제작 배포	
시간	교수요목	비고
1	[ESG의 중요성 그리고 경제체제의 이해] - 글로벌 기업 브랜드 가치 변화 - ESG의 탄생 배경 및 중요성	PPT / 강의 및 토의
2	[기업의 ESG 활동] - 기업의 ESG 관련 활동 - 주요 산업별 전략적 ESG 경영 이슈 - 모둠 활동: 기업과 관련된 ESG 활동 찾아보기	PPT/ 모둠 활동

영 전략과 함께, 기업이 지역 사회와 환경에 미치는 긍정적인 영향을 증진하는 방법을 알아보고, ESG가 단순히 윤리적인 관점을 넘어서 기업의 장기적 성장과 지속 가능성을 위한 핵심 요소임을 이해한다.

다섯째, 〈표 6-9〉에 나타낸 기후사 수업은 역사·환경·과학 교과를 융합하여, 역사 속의 기후 변화 사건을 통해서 현재의 기후 위기를 성찰할 수 있도록 구성한 것이다. 먼저, 17세기 소빙기(Little Ice Age) 대기근의 사례로 경신 대기근(1670~1671)과 을병 대기근(1695~1699) 시기를 살펴본다. 학생들은 기후 변화가 초래한 전염병, 식량 문제, 국가의 대응 방식을 알아본다. 그리고 과거의 기후 변화 사례를 현재의 지구 온난화와 비교하여 그 공통점과 차이점을 분석하며, 기후 변화가 인간에게 미친 영향을 과거와 현재의 통시적인 관점에서 이해한다.

'기후 변화가 인간에게 미치는 영향'을 주제로 현재와 과거의 기후

표 6-9 기후사

주제	강좌명	
기후사	한국사로 살펴보는 기후 위기	
목표	- 17세기 조선 소빙하기 기후 변화의 원인과 영향을 이해 - 조선시대 기후 변화의 사례로 경신 대기근, 을병 대기근 이해 - 과거와 현재 기후 변화의 공통점과 차이점 비교	
강좌 운영 방안	- 과거의 기후 변화 사례를 통해 현재의 기후 위기를 성찰 - 모둠 활동을 통해 기후 변화에 관한 생각을 공유하고 자유롭게 표현함	
활동 자료	- 자체 강의안 제작 배포	
시간	**교수요목**	**비고**
1	[한국사에서의 기후 위기 사례] - 17세기 소빙기의 특징과 원인 ◆ 조선의 소빙기: 경신 대기근과 을병 대기근 ◆ 기후 변화에 대한 과학 및 환경적 이해 ◆ 과거와 현재의 기후 변화의 공통점과 차이점 정리	PPT / 강의 및 토의
2	[‘기후가 인간에게 미치는 영향’ 포스터 만들기] - 모둠 활동: 기후 변화에 대한 세 가지 키워드로 포스터 작성 ◆ 발표 및 피드백	모둠 활동 및 발표

위기 중에서 탐구할 시기를 정하여, 그 시대의 기후 변화를 탐구하고, 그 결과를 글과 그림 그리고 그래프 등을 이용하여 자유롭게 표현한다. 학생들은 수업을 통해 기후 변화가 과거와 현재 그리고 미래에 영향을 준다는 점을 이해하고, 앞으로의 대응 실천 방안에 대해서 고찰할 수 있다.

여섯째, 〈표 6-10〉에 제시한 환경교육연극 프로그램은 기후 위기 문제와 관련하여 세대 간의 형평성과 지속가능발전의 중요성을 제시한다. “강생태의 어느 날”이라는 제목의 연극은 강생태, 저승사자, 대장군을 통해서 환경 원금과 그 이자라는 개념을 흥미롭게 풀어낸다.

표 6-10 환경교육연극

<table>
<tr><th>주제</th><th colspan="2">강좌명</th></tr>
<tr><th>환경 연극</th><th colspan="2">환경 연극으로 이해하는 세대 간 형평성</th></tr>
<tr><td>목표</td><td colspan="2">- 환경 원금, 환경 이자 개념의 이해
- 환경 문제, 기후 위기에 있어 세대 간 형평성 개념의 이해
- 환경 문제, 기후 위기 해결을 위한 실천 방안의 이해</td></tr>
<tr><td>강좌 운영 방안</td><td colspan="2">- 대학생 연극 공연
- 환경 원금, 이자, 실천 방안 토론</td></tr>
<tr><td>활동 자료</td><td colspan="2">- 연극 공연 관람 후 토론</td></tr>
<tr><th>시간</th><th>교수요목</th><th>비고</th></tr>
<tr><td>1</td><td>[연극 공연]
- 연극: 강생태의 어느 날</td><td>강당, 또는 교실 공연</td></tr>
<tr><td>2</td><td>[연극 내용에 관한 토의]
- 환경 원금과 환경 이자, 그리고 세대 간 환경의 형평성
- 환경 기후 위기의 실천 방안 – 개인적, 사회적 실천 방안</td><td>토의, 발표, 성찰</td></tr>
</table>

추진 결과 및 시사점

A시형 캠퍼스 지역 협력 프로그램은 고교학점제 도입을 대비하여 A시 교육청과 지역 대학이 협력하여 교육을 진행한 사례이다. B대학교 부설연구소의 교육과정은 A시 소재 11개 고등학교 학생 962명에게 적용하였다. 학생들에게 기존의 학교 교육에서 시도하지 않은 새로운 주제와 방식으로 환경교육을 진행하여, 학생들에게 지속가능발전의 중요성을 깊이 있게 이해시켰다.

프로그램을 마친 후 실시한 조사에서, 프로그램에 참여한 학생들은 이 프로그램을 긍정적으로 평가하였다. 학생들은 기후사 수업에서 역사적 사건과 기후 변화의 상호 작용에 관한 깊은 이해를 할 수 있었다고 응답하였으며, 탄소 중립 수업으로 기후 변화 문제에 대한 실질적인 해결 방안을 모색하고, 환경 보호를 위한 실천적인 태도를 가질 수 있었다고 하였다.

환경교육연극은 학생들의 집중도를 높였으며, 환경 문제의 심각성을 알리는 동시에 해결 방안을 고민할 기회를 제공하였다는 평가를 받았다. 또, 수소 경제 강좌에서 학생들은 수소 에너지의 기본 원리와 다양한 수소 생산 방법을 배웠으며, 물의 전기 분해와 같은 기술에 대해 심도 있는 이해를 할 수 있어 좋았다는 피드백을 받았다.

4차 산업혁명 프로그램은 AI, 빅데이터, IoT 등 최신 기술들의 역할을 실제 사례를 통해 관련 기술들이 현대 사회에 어떠한 영향을 미치는지 탐구하였다. 특히 의료와 금융 분야에서 AI의 적용 사례를 배우며 미래 기술의 발전 방향과 사회적 의미에 대해 깊이 있게 고민하는 기회였다는 소감을 남겼다.

학생들은 이 프로그램을 통해서 환경 문제, 기술 발전, 기후 변화 등에 대한 통합적인 관점을 얻을 수 있었다. 이를 통해 비판적 사고와 문제 해결 능력을 개발하는 데 많은 도움을 받았다고 하였다. 이러한 수업이 학생들에게 기후 위기와 관련된 심층적인 이해와 실천적인 태도를 강화하는 데 효과적이었음을 알 수 있다.

이러한 환경교육 프로그램은 두 가지 시사점을 제공한다. 첫째, 효과성 측면에서 융합 수업 방식은 긍정적인 평가를 받았다. 이 프로그램은 현대 사회의 기후 변화, 지속가능발전, 기술 혁신 등의 주제를 다루면서 경영과 과학 기술 그리고 역사와 예술 분야 등, 학문적인 경계를 넘어 다양한 분야를 적용한 내용으로 구성되었다. 기존의 학교 교육에서 접하기 어려운 내용과 방법으로 학생들의 학습 경험을 풍부하게 할 수 있었으며, 학생들이 환경 문제에 대해 깊은 인식과 관심을 갖게 하여, 실천적인 환경 시민으로 성장하는 데 도움이 될 수 있다. 이는 환경교육이 학교 교육 현장에서 어떻게 혁신적이고 참여적으로 진행될 수 있는지를 보여 주며, 미래 지향적인 환경교육의 방향을 제시한다.

둘째, 이 프로그램은 지역의 대학과 협력하여 학교와 지역 사회 간의 연계를 강화하였다. 이러한 협력은 지역 내 교육과정의 다양화를 지원하고, 학생들에게 실용적이고 관련성 높은 학습 기회를 제공하는 데 효과적임을 알 수 있었다. 특히, 지자체와 다양한 교육 기관 간의 협력은 학생들에게 다차원적인 학습 기회를 제공하고, 지역 사회의 교육적 요구를 충족시키는 중요한 사례로 볼 수 있다. 특히, 학생들이 자신의 지역에 관심을 갖고 진로 및 희망하는 분야를 환경 문제와 연결하여 생각하는 경험은 지속가능발전교육에 긍정적인 영향을 미칠 수 있다.

이처럼, 캠퍼스 지역 협력 프로그램은 지역 사회의 교육청을 중심으로 교육 기관 내에서 고등학생들에게 다양한 교육 경험을 제공할 수 있는 협력을 진행하였다는 의미가 있다.

학교, 지역 사회, 대학 간의 협력을 통한 교육적 시너지를 창출하는 프로그램이 매년 지속되어 나간다면, 학생들은 대학이 제공하는 프로그램을 학습하는 단계를 넘어서, 새로운 지식을 지역 사회에 적용하는 과정에 참여할 수 있다. 가령, 학생들이 연구 기관 및 대학과 연결하여 지역 사회의 문제를 해결하는 프로젝트를 진행하는 기회가 마련된다면, 학생들은 수업뿐 아니라 지역 사회에서 환경·지속가능발전을 위한 활동에 참여하는 경험을 할 수 있다.

05

대학 중심 지속가능발전교육 프로그램 확산 사례

B대학교 부설연구소는 환경교육 활동가 심화 교육 프로그램을 개발하여 운영하였다. 다양한 학문 분야의 연계를 통해 환경교육의 폭을 확장하고, 지속가능발전을 위한 교육적 노력을 강화하여 참여자들의 역량을 향상하는 데 주안점을 두었다.

추진 배경

환경교육 활동가 역량 교육 프로그램을 추진한 배경으로 다음 4가지를 들 수 있다. 첫째, 프로그램을 통한 지역 사회 환경교육 활동가의 네트워크 구성이다. A시의 지역 사회에는 다양한 환경교육 기관과 단체들이 존재하며, 이들 간의 협력과 연계가 필요한 상황이다. 이러한 지역 사회 네트워크를 구축하고 확대하여 환경교육 활동가들 간의 지식과 경험을 공유하고 협력할 기회를 제공할 필요가 있었다.

둘째, 지역 사회 환경교육이 질적으로 향상되어야 한다는 공감대가 있었다. 환경교육 활동가 역량 교육 프로그램은 기후 변화와 환경 위기에 대응하기 위한 새로운 교육 방법론과 내용을 모색하면서, 여러 사회 주체 간의 관계성, 지속 가능성, 공존, 그리고 수준 높은 지역 기반 지속가능발전교육이 필요해졌다. 이에, 대학-지방정부-지역 사회의 세 주체의 상호 작용을 통해서 마을 교육 혁신을 촉구하는 교육을 추구하였다. 이 프로그램은 대학 중심의 환경교육 프로그램 개발을 통해 지역 내 환경교육 활동가의 역량을 향상하는 민-관-학 협력 프로젝트로 기획되었다.

셋째, 기존과는 다른 방식의 환경교육으로, 다학문적 접근에 기반한 교육과정을 제시하는 것이다. 본 교육 프로그램은 기존의 사회 환경교육이 생태 체험 분야에 치중하였던 한계를 보완하기 위해서 인문학, 경제학, 공연 예술, 과학교육, 환경 공학 등의 다학문적인 접근을 통한 환경교육을 시도하여 지역 사회에서 더욱 효과적인 환경교육자 및 활동가로 성장하는 기반을 마련하고자 하였다.

넷째, 프로그램을 통해서 지속가능발전교육의 중요성을 강조하고 관련 역량을 강화하는 것이다. 이 프로그램은 지속가능발전을 위해 참여자들이 환경 문제에 대한 인식을 높이고 행동을 변경할 수 있는 역량을 갖추도록 지원하고자 하였다.

이러한 배경에서 이 프로그램이 만들어졌고, A시의 환경교육 활동가들은 이 프로그램을 통해서 네트워크를 구축하고 지식을 공유함으로써 환경 문제에 대한 이해와 해결 능력을 향상할 수 있었다. 이 프로그램은 지역 사회의 환경교육 수준과 지속가능발전에 대한 인식을 높이는 데 기여할 뿐만 아니라, 새로운 교육 방법을 도입하여 지역 사회의 환경교육을 발전시키고, 지속 가능한 미래를 향해 나아갈 수 있도록 돕게 될 것이다.

추진 과정

이 프로그램은 세 가지의 주제로 구성되어 있다. 첫 번째 주제는 환경 문제의 이해와 인식으로, 학습자들은 환경 문제가 인간과 자연에 미치는 영향을 깊이 이해하고, 현재의 환경 문제를 해결하기 위한 여러 대응 방안을 탐구한다. 두 번째 주제는 지속 가능한 개발과 자원 관리이다. 세 번째로는 기후 변화와 대처 전략이다.

교육과정은 A시 소속 환경교육 강사를 대상으로 워크숍을 개최하

표 6-11 2022년 환경교육 활동가 심화 교육 수업 과정

차시	과목 구분	강의 과목	강의 주제
1	공통	• 환경교육 연극: 가치 같이 콘서트	- 환경교육 프로그램: 환경교육 연극 만들기, 인간 중심과 생태 중심주의 논의, 연극의 캐릭터 만들기
		• 환경교육 일반론	- 지속가능발전교육의 쟁점 고찰 및 논의
2	선택	• 기후사	- 동아시아의 소빙기
		• 환경 인프라의 이해 (1)	- 상수 처리장의 핵심 프로세스 이해
3	선택	• 환경 인프라의 이해 (2)	- 하·폐수 처리장의 이해
		• 기후 위기 대응을 위한 실천: 탄소 중립	- 생태 전환 교육과 탄소 중립 학교
4	선택	• 환경과 경제 • 환경 인프라의 이해 (3)	- 환경 오염과 경제 성장 - 국제 환경 협약의 이해 - 환경 골든벨 퀴즈
5	공통	공통 교과의 추가 교육 진행	- 환경교육 일반론 - 환경교육 프로그램(환경교육 연극) 구성하기
6	공통	교육청 및 교사 대상 환경교육 역량 강화 워크숍	- 환경교육론: 지속가능발전교육의 쟁점 고찰 및 논의
			- 환경교육 프로그램 구성하기

표 6-12 A시 환경교육 심화 교육 진행 과정

기획 및 운영 과정	핵심 활동
프로그램 기획	• 환경교육 강사 역량 강화 심화교육 프로그램 개발 및 운영기획
⬇	⬇
워크숍 및 수요조사	• 환경교육 강사의 희망 교육과정 수요 조사
⬇	⬇
1차 교육~6차 교육	• 1차 교육~5차 교육: 환경교육 강사를 대상으로 진행 • 6차 교육: 교사를 대상으로 진행
⬇	⬇
수료증 수여식 및 간담회	• 수료증 수여 • 환경교육관련 토론 및 간담회 진행

여 교과목에 대한 수요 조사를 진행하여 구성하였다. 환경교육 강사들의 교육 요구와 수강을 희망하는 분야, 교육 현장에서 직면하는 문제점을 분석하여, 〈표 6−12〉와 같이 공통 교과 두 과목과 선택 교과 여섯 과목으로 총 8개 과목으로 조직하였다.

심화 교육은 1차 교육부터 6차 교육까지 진행되었는데, 환경 공학, 역사학, 과학교육, 환경연극, 환경 경제에 기반한 환경교육으로 프로그램을 구성하였다. 먼저, 공통 교과로는 환경교육 일반론과 환경교육 연극 만들기, 선택 교과는 기후사, 기후 위기 대응을 위한 실천: 탄소 중립, 환경 인프라 이해(1)−(3), 환경과 경제이다. 1차에서 5차 교육은 사회 환경교육 강사를 대상으로, 6차 교육에서는 A시 소재 학교 교사를 대상으로 공통 교과 수업을 하였다. 전체적인 운영 과정은 [표 6−12]와 같다.

1차 교육 내용은 모든 참가자가 이수해야 하는 공통 교과목으로 환경교육 일반론과 환경교육 프로그램 구성하기가 포함되었다. 환경교육 일반론은 학제 간 통합적 접근법으로 환경교육의 기본 원칙과 접근법에 대해 논의하는 데 중점을 두었다. 환경 문제의 철학적, 경제적, 정치적 측면을 탐구하는 세 가지 주요 쟁점에 대한 것이다. 참가자들은 인간 중심주의 대 탈인간 중심주의, 성장을 지탱하는 환경의 한계성 여부, 그리고 환경 파괴에 대한 자본주의 경제 체제의 책임 문제를 중심으로 조별 토론을 진행하였다.

다음으로, 환경교육 프로그램 구성하기는 연극을 통해 환경 문제를 알아보고, 창의적 교육 방법론의 가능성을 탐색하는 것이다. 환경연극 '강생태의 어느 날'을 관람 후에 참여자들이 연극에 대한 감상과 환경교육을 위한 연극의 개선 방안을 토론하였다.

이 수업은 연극을 통해 전달되는 환경교육적 메시지를 분석하고, 예술을 통한 환경교육의 효과를 극대화하는 방안을 모색하는 것으로, 환경 자원에 대한 세대 간 형평성 문제를 중심으로 환경 원금과 환경 이자라는 개념을 이용하였으며, 환경 문제의 해결과 관련하여, 생태 지향주의자와 기술 지향주의자의 입장을 관객들에게 전달하였다. 이 프로그램은 예술적 표현 방법이 환경 문제에 대한 교육에서 강력한 도구가 될 수 있음을 보여 준다.

2~5차 교육에서는 6개 선택 교과의 수업이 운영되었다. 기후사 교과는 17세기 동아시아(조선, 중국, 일본)의 소빙기에 발생한 대기근의 사례를 살펴보면서, 역사적 사건에 기후의 영향을 하나의 주요 변인으로 파악하도록 구성되었다. 기후사는 인간과 환경의 상호 작용에 초점을 두고 있기에, 기존의 환경교육에서 인간 중심의 접근과 생태계 중심의 접근 사이에서 균형을 찾기 위해 필요한 사고방식을 함양하는 데 도움이 된다.

환경 인프라 이해 교과는 물 자원 처리 시설, 폐기물 처리 시설,

국제 환경 협약이 주요 내용이다. 물 부족 문제에 직면한 현대 사회에서 물 관리의 중요성을 이해하고, 효율적인 물 사용과 자원의 재활용에 대한 수업으로, 물 관리 기술의 발전이 어떻게 환경 보호에 기여하는지, 환경 인프라가 지속가능발전에 어떻게 중요한 역할을 하는지와 같은 환경 문제를 다면적으로 이해할 수 있다.

폐기물 처리 시설 수업은 매립지와 소각 방식을 통한 자원 순환 방법을 알아보면서 현대 사회에서 지속 가능한 폐기물 관리의 중요성과 혁신적인 처리 기술을 심층적으로 다룬다.

국제 환경협약 이해 수업은 지구환경문제에 대한 국제적 협력의 중요성을 강조하며, 국제 환경 협약의 발전 과정을 시대별로 살펴보고 이해하도록 구성하였다. 지구 온난화, 오존층 파괴와 같은 글로벌 이슈에 대한 선진국과 개도국 간의 이해관계 및 충돌을 분석하고, 국제적 집행력을 갖춘 협약으로의 변화를 고찰하며 국제 협약들이 어떻게 각국의 환경정책에 영향을 미치는지 배운다.

환경과 경제 수업은 경제 발전과 환경 오염 간의 관계를 다각도로 분석하는 과정으로, 환경 규제가 경제에 미치는 영향, 화석 연료 의존 산업에서 저탄소 경제로의 전환 과정에서 발생하는 사회·경제적 영향에 대한 전략을 탐색한다.

환경과 경제 교과에서 정의로운 전환(Just Transition)을 알아보는데, 정의로운 전환은 기후 위기 대응 과정에서 사회적 공정성과 경제적 정의를 추구하는 전략으로, 고탄소 산업에서 저탄소 경제로의 이행을 사회·경제적으로 지속 가능한 방식으로 관리하고자 한다. 이는 단순히 환경적 측면뿐 아니라, 고용과 생계에 대한 영향을 고려하여 전체 사회의 동의를 얻고, 이행 과정에서 발생할 수 있는 불평등을 최소화하는 것을 목표로 한다.

6차 교육에서는 초·중등학교, 교육청 소속 교사를 대상으로 2시간 동안 환경교육 일반론과 환경교육 연극 만들기 프로그램으로 진행하였다. 교사들은 강의를 듣고, 지속가능발전교육과 환경교육을 주제로 토론하면서, 서로의 의견을 교환하였다.

추진 결과 및 시사점

B대학교 부설연구소에서 개발한 교육과정을 통해 총 6차시에 걸쳐 진행한 2022년 A시 환경교육 활동가 역량 강화 심화 교육 프로그램에서, 참여자들은 환경 문제가 단순한 생태적 이슈가 아니라 사회·경제·문화적 맥락을 포함하는 복합적 문제임을 인식하고, 환경교육의 범위를 확장하고, 보다 효과적인 교육 방법론을 모색하는 시간을 가졌다.

참여자들은 심화 교육을 통해 환경 문제에 대한 다각적 시각과 접근 방식을 학습하여, 이를 지역 사회 내에서 실제 환경교육에 적용할 수 있는 역량을 갖추게 되었다.

첫째, 본 프로그램은 환경교육에 있어 인문학, 과학교육, 환경 공학, 경제학 등 다학문적 접근을 통해 환경 문제에 대해 폭넓은 이해와 깊이 있는 접근을 할 수 있었다.

프로그램의 인문학적 접근은 환경 문제에 대한 보다 깊이 있는 분석과 비판적 사고를 가능하게 한다. 참여자들은 환경 문제가 단순한 자연 과학적 이슈를 넘어서 인간의 가치관, 행동 양식, 사회 구조와 밀접하게 연관되어 있음을 이해하게 되었다.

또한, 경제학적 접근으로 환경 문제와 경제 발전 간의 균형을 이루는 방법을 이해할 수 있었으며, 국제적 환경 보호 노력을 이해하여 지역 사회 구성원들이 글로벌 차원의 환경 문제에 대해 보다 넓은 시야를 가질 수 있었다.

이러한 다학문적 접근은 참여자들이 환경 문제에 대해 단편적인 시각을 넘어서, 종합적인 관점에서 지식과 경험을 실제 환경교육 현장에 적용하고, 지역 사회 내에서 지속가능발전을 위한 실질적인 변화를 이끌 수 있는 토대를 마련하게 된다.

둘째, 이 프로그램은 민–관–학 협력을 통한 교육 네트워크 구축이라는 의미가 있다. A시 환경교육 활동가들은 민간부문에서 교육에 참여하고 있으며, 이들의 노력은 지역 사회 내에서 환경운동을 활성화하고, 보다 개선된 환경 보호 활동을 이끄는 데 결정적인 역할을 한다. 환경교육 활동가들은 이 프로그램을 통해 확장된 지식과 경험을 얻게 되었으며, 이는 민간부문의 다양하고 참신한 환경교육의 내용과 방법을 풍부하게 하며, 지역 사회에 실질적인 환경교육 프로그램을 제공하는 데 크게 기여한다.

지자체의 지원과 협력을 담당한 A시는 프로그램의 사업 비용을 지원하고 지역 내 환경교육 활동가들을 연구소와 연계하여 심화 교육 운영을 가능하게 하였다.

학계의 참여와 연구 지원은 B대학교 부설연구소가 담당하였다. 연구소는 프로그램의 개발과 적용에 있어서, 환경교육에 관한 최신 연구와 이론을 프로그램에 통합하여 교육의 질을 높였으며, 프로그램의 효과성을 평가하고, 이를 바탕으로 프로그램을 지속해서 개선하였다.

이렇게 민–관–학 협력 모델을 통해 구축된 네트워크는 교육 자원을 공유하고, 지식과 경험을 교환하며, 공동의 목표를 향해 노력함으로써, 지역 사회의 지속가능발전을 위한 교육적 기반을 구축할 수 있다.

셋째, 이 프로그램은 지속가능발전교육의 핵심 역량을 통합하여 참여자들이 지속가능발전을 위한 실천적 지식과 능력을 개발할 수 있도록 하였다. 참여자들은 문제의 다양한 측면을 평가하고, 서로 연결된 요소들 사이의 상호 작용을 이해하게 된다. 이는 지속가능발전을 위한 복합적이고 다각적인 해결책을 모색하는 데 필수적인 기초가 된다.

이 프로그램을 통해 형성된 민- 관- 학의 협력 네트워크는 앞으로도 환경교육의 효과적인 전파와 실행을 위한 중요 플랫폼으로 작용할 것으로 예상된다. 이러한 협력은 다른 지역 사회에서도 적용할 수 있는 모범사례로 활용될 수 있다. 본 프로그램의 실행과 성과는 지역 사회의 환경교육 발전과 지속 가능한 변화를 위한 긍정적인 영향력을 미치는 데 있어 결정적인 역할을 할 것으로 기대된다.

06

환경교육 연극 사례

환경교육 연극은 전통적인 강의실 교육을 넘어서, 참여와 경험을 통해 학습하는 강력한 매체로 활용할 수 있다. 이 방식은 관객, 특히 미래 세대인 학생들이 환경 문제에 대해 더 깊이 공감하고, 지속 가능한 해결책을 모색하는 데 도움을 준다.

환경교육 연극은 단순한 정보 전달을 넘어서 관객들이 스토리에 몰입하고 감정적으로 연결될 수 있는 경험을 제공한다. 연극은 복잡한 환경 이슈를 이해하기 쉽고 접근하기 쉬운 형태로 재구성함으로써, 관객들이 환경 문제의 심각성을 인식하고 개인적인 책임감을 느끼게 한다.

환경교육 연극을 개발하고 다양한 지역 사회에 적용함으로써, 공연 후의 토론과 활동을 통해 학습한 내용을 일상생활에 통합하는 방법을 탐색하고, 이로써 교육이 지속될 수 있는 기반을 마련하였다. 이는 단순히 환경교육의 한 형태를 넘어, 우리가 모두 지구를 보호하고 더 나은 미래를 위해 행동함으로써, 미래 세대가 건강하고 지속 가능한 환경에서 살 수 있도록 하는 공동의 목표를 전달한다.

추진 배경

환경교육 연극은 관객들, 특히 학생들에게 환경 문제 해결에 있어 협력과 공동 노력의 중요성을 강조한다. 이러한 교육 방식은 지속 가능한 미래를 향한 공동의 책임감을 고취하며, 학생들에게 지구의 자원을 책임감 있게 사용하고 보호하는 방법을 심도 있게 고민하게 한다. 연극을 통해 전달된 메시지는 학생들이 일상생활에서 실천할 수 있는 구체적인 방법들을 수업에서 토론하는 계기를 마련해 준다.

환경교육 연극의 효과는 '감정적 연결과 공감 대상 형성', '창의적 사고와 문제 해결 능력 촉진', '실천적 행동 변화 유도'로 정리할 수 있다.

먼저 감정적 연결과 공감 대상 형성 측면에서 살펴보도록 하자. 연극은 이야기와 캐릭터를 통해 환경 문제에 대한 관객의 감정적 연결을 형성한다. 이는 교육학 이론에서 강조하는 '경험을 통한 학습'과 맥을 같이하며, 공연 이론에서 언급하는 '공감의 예술'로서 연극의 힘을 활용한다. 환경교육 연극은 관객이 환경 문제를 자신의 문제로 인식하게 하며, 이에 대한 깊은 이해와 감정적 동기 부여가 가능하게 한다.

다음으로 '창의적 사고와 문제 해결 능력 촉진'의 측면에서 보면, 연극은 다양한 시나리오와 상황 설정을 통해 학생들에게 창의적으로 사고하고 문제를 해결하는 방법을 모색하게 한다. 이는 환경교육에서 중요한 역량 중 하나인 '비판적 사고'와 '창의적 문제 해결' 능력을 강화하는 데 기여한다. 환경교육 연극을 경험한 학생들은 연극에서 제시된 다양한 환경 문제 상황을 해결하기 위한 창의적인 아이디어를 고민하게 된다.

마지막으로 '실천적 행동 변화 유도'의 측면에서 살펴보면, 지금까

표 6-13 국내외 '에코 드라마' 프로젝트 사례

	프로젝트명	핵심 내용 및 효과
국내	그린 필름 스쿨	• **내용:** 학생들이 환경 문제를 주제로 한 단편 영화를 제작하는 프로젝트이다. 영화 제작 과정을 통해 학생들이 환경 문제에 대해 깊이 이해하고, 이를 창의적으로 표현하는 방법을 배우게 한다. • **효과:** 학생들이 직접 창작 활동에 참여함으로써 환경 문제에 대한 인식을 높이고 실천적 행동 변화를 유도한다.
	에코 스쿨	• **내용:** 학교에서 학생들이 환경 문제를 주제로 한 연극을 제작하고 공연하는 활동이다. • **효과:** 학생들은 연극을 통해 환경 보호의 중요성을 배우며, 이를 통해 환경에 대한 인식을 높이고 지역 사회에 긍정적인 영향을 끼치는 활동을 진행하도록 한다.
국외	미국 'The EcoDrama Playwrights Festival and Symposium'	• **내용:** 환경 문제를 주제로 한 연극과 토론을 결합한 프로그램이다. 환경 문제에 대한 다양한 시각을 탐구하고, 연극을 통해 이러한 문제에 대한 공감과 토론을 진행한다. • **효과:** 참가자들은 연극을 통해 환경 문제를 보다 깊이 이해하고, 이를 해결하기 위한 창의적인 방안을 모색할 수 있다.
	대만 'Black Bear Detectives'	• **내용:** 학생들은 각자 역할을 맡아 흑곰의 생존 위기를 주제로 한 역할극을 진행한다. • **효과:** 학생들은 역할극을 통해 밀렵과 서식지 파괴가 흑곰에게 미치는 위협을 인식하고 산림과 흑곰을 보호하는 방법을 이해하고 실천할 수 있도록 한다.

지의 내용을 통해 연극은 관객에게 환경 보호를 위한 구체적인 행동을 취하는 데에 동기 부여한다는 것을 알 수 있었을 것이다. 이러한 동기가 실질적인 실천으로 이어지는 데에도 연극이 중요한 역할을 한다.

실제로, 환경교육 연극과 관련된 선행 연구들은 연극을 통해 참여자들이 환경 문제에 대해 더 깊이 이해하고 이에 대한 자신의 견해를 드러내며 환경 문제 해결에 대한 실천적인 태도를 갖추는 데에 효과가 있다(Pan & Hsu, 2020; Varela-Losada et al., 2019). 따라서 환경교육 연극을 통해 학생들은 환경 보호를 위한 실천적인 방법을 학습하고, 이를 일상생활에서 적용할 수 있는 구체적인 방안을 모색하게 된다. 이러한 효과는 환경교육의 사례인 '에코 드라마' 프로젝트를 통해 더욱 구체적으로 알아볼 수 있다.

'에코 드라마' 프로젝트는 학생들이 환경 문제에 대해 직접 연극을 제작하고 공연함으로써 환경 문제에 대한 깊은 이해와 실천적 행동 변화를 유도한 사례이다. 이 프로젝트는 학생들이 연극 제작 과정에서 연구, 토론, 협력하는 과정을 통해 환경 문제에 대한 복합적인 이해를 구축한다. 그리고 지속 가능한 미래를 위해 실천 방안을 모색할 수 있도록 한다. '에코 드라마' 프로젝트는 〈표 6-13〉처럼 국내에서뿐만 아니라 국외에서도 다양하게 활용되고 있다.

이처럼, 연극을 통한 환경교육은 학생들에게 환경 문제에 대한 교육을 보다 흥미롭고 창의적인 방식으로 제공한다. 이 방식은 단순히 정보를 전달하는 것을 넘어, 학생들에게 환경 문제에 대한 깊은 이해와 함께 적극적인 참여와 행동 변화를 유도하는 효과적인 수단으로 작용한다.

추진 과정

환경교육 연극 '강생태의 어느 날'은 환경 문제와 지속 가능한 발전의 중요성을 다양한 시민들과 공유하기 위해 개발되었다. 이 연극은 기후 위기에 대한 세대 간 형평성 문제를 인식시키고, 지속 가능성의 개념을 이해시키는 것에 중점을 둔다. 구체적인 연극 개발 과정은 〈표

표 6-14 시나리오 개발 절차 및 기간

기획 및 운영 과정	핵심 활동
시나리오 초안 개발	• 교육적 가치와 관객 흥미유발 요소를 고려한 스토리 라인 및 캐릭터 구상 • 극단과의 협력을 통한 실행 가능성 검토 • 실제 공연 가능한 형태의 시나리오 초안 개발
⬇	⬇
극단 섭외 및 계약	• 지역 극단 및 지역 대학의 연극영화과 섭외 및 협업 논의 • 연극 비전 및 목적, 공연 일정, 준비 과정, 예산 등 세부 사항 확정
⬇	⬇
초연 및 시나리오 최종 개발	• 초연을 통해 관객 반응을 파악 • 관객 및 참여 극단의 피드백을 통해 공연 효과, 감동 요소, 개선점 등을 분석 • 피드백을 바탕으로 시나리오 수정 및 최종 개발
⬇	⬇
지역 사회에서 환경교육 연극 진행	• 개선된 시나리오 및 공연으로 지역사회의 다양한 관객층에게 지속가능발전의 메시지 공유

6-14〉와 같다.

첫 번째 단계는 창의적이고 교육적 가치가 높은 시나리오를 개발하는 단계이다. 이 단계에서는 환경 문제에 대한 인식을 높이면서도, 관객들의 흥미를 유발할 수 있는 스토리 라인과 캐릭터를 구상하였다. 개발진은 시나리오를 수정 및 보완하면서, 공연이 가능한 형태로 조정하였다. 최종적으로 극단과 협력하여, 시나리오의 실제적인 실행 가능성을 검토하였고, 실제로 공연이 가능한 방향으로 개발하였다.

두 번째 단계에서는 지역의 극단 섭외 및 B 대학 연극영화과와 협연을 논의하였다. 지역 사회에서 연극의 비전과 목적을 공유하여 공연 일정, 회수, 준비 과정, 예산 등의 세부 사항을 확정하였다.

세 번째 단계에서는 초연을 통해 시나리오의 최종본을 개발하였

표 6-15 환경교육 연극에 반영된 주요 학습 요소

학습 요소	의도
지속 가능성의 중요성	지속 가능한 환경 관리가 단순히 현재 세대의 삶의 질을 유지하는 것을 넘어서, 미래 세대의 생존과 복지를 보장하는 핵심 요소임을 강조한다.
환경 원금과 이자	환경 자원을 경제적 원금과 이자에 비유하여, 현재 세대가 미래 세대에게 환경 원금을 손상하지 않고 전달해야 한다는 개념을 소개한다.
개인의 책임과 사회적 행동	환경교육은 개인의 책임감을 넘어 사회적 행동의 중요성을 강조한다.
협력과 참여의 중요성	환경교육은 학생들에게 팀워크와 사회적 참여의 중요성을 공유하고 협력적 노력을 통한 환경 문제 해결 방안을 모색하도록 해야 한다.
정보와 지식의 전달	환경교육은 정확한 정보와 지식의 전달을 통해 인식을 변화시키고, 환경 보호에 대한 의식을 높이는 데 중점을 두어야 한다.
미래 세대를 위한 의사 결정	환경교육은 학생들에게 미래 세대를 고려한 지속 가능한 의사 결정의 중요성을 인식하게 한다.
탄소 중립의 중요성과 실행 전략	탄소 중립이란 인간 활동으로 발생하는 탄소 배출량을 줄이고, 남은 배출량은 식재, 기술적 수단 등을 통해 상쇄하여 실질적인 탄소 배출량을 '제로'로 만드는 것을 목표로 한다. 이러한 탄소 중립의 중요성을 알고 구체적인 실행 전략을 모색하도록 한다.

다. 초연 이후에 관객, 연구진, 전문가들의 피드백을 반영하여 연극이 교육적 목표를 효과적으로 달성하고 관객들에게 깊은 인상을 남길 수 있도록 시나리오 및 연극 요소, 캐릭터들을 수정하여 시나리오를 최종 개발하였다. 마지막으로, 최종 개발된 시나리오를 바탕으로 지역 사회 내 환경교육 연극을 진행하며 지속가능발전의 메시지를 공유하였다.

환경교육 연극 '강생태의 어느 날'은 기후 위기에 있어 세대 간 형평성 문제를 인식시키고, 지속 가능성의 개념을 이해시키는 것에 중점을 두고 개발되었다. 연극에 포함된 주요 학습 요소 8가지는 〈표 6-15〉와 같으며, 학습 요소 간 관계를 [그림 6-3]에 나타내었다.

이러한 학습 요소를 환경교육 연극의 목표를 달성할 수 있도록 시

그림 6-3 환경교육 연극의 주요 학습 요소 구조도

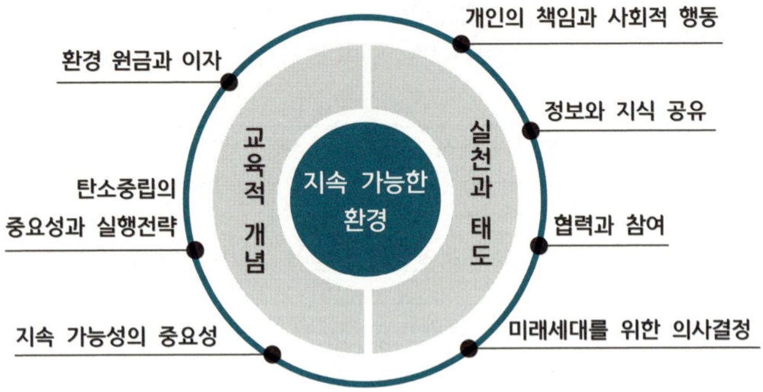

그림 6-4 환경연극 시나리오 개발 과정

시나리오(초안)

- 연극제목: 강생태의 어느 날
- 주요 캐릭터: 대장군, 저승사자, 강생태
- 주요부문

  토론 기후위기 해결방안 논의

  관객참여 현장 오픈채팅과 오픈 찬반투표 진행

➡

시나리오(최종안)

- 연극제목: 강생태의 어느 날
- 주요 캐릭터: 대장군, 저승사자, 강생태
- 주요부문

  강생태의 실천과정

  지속 가능성, 세대 간 형평성의 개념 강조, 미래세대를 위한 환경보호에 동참할 것을 강조

나리오를 개발하였으며, 그 과정을 [그림 6−4]에 나타내었다.

초기에 개발된 시나리오는 세 가지 주요 부분으로 구성되었다. 첫째, 평범한 시민 '강생태'가 염라국의 환경부 소속 '대장군'을 만나서 환경 보호의 임무를 받는 이야기, 둘째, 기후 위기 해결을 위한 토론, 셋째, 관객들과의 참여를 통한 활발한 소통이다.

이 시나리오는 교육적인 측면에서 조정을 거쳐, 환경 보호를 위한 '실천'을 강조하는 메시지 그리고 지속 가능성과 세대 간 형평성의 개념을 강조하기 위해 강생태의 실천 과정을 보여 줌으로써, 미래 세대를 위한 환경 보호에 관객들이 참여할 것을 촉진하는 내용이 되었다.

결과적으로, 이상의 환경연극은 평범한 시민 강생태에게 염라국 대장군이 등장하여, 지역의 대표로 환경 원금 감사를 받으라고 압박을 가하면서 시작된다. 환경 원금은 지구의 자원과 생태계를 의미하며, 연극에서는 환경 원금을 효과적으로 보존하고 관리하는 것이 미래 세대를 위한 필수적인 책임임을 강조한다. 강생태는 환경 문제를 해결하기 위해 노력하지만, 혼자의 힘으로는 어려움을 깨닫고 관객들에게 지속가능성의 의미와 함께하는 실천의 중요성을 항변한다.

연극은 관객들에게 협력과 공동의 노력이야말로 환경 문제 해결의 핵심임을 강조하며, 지속 가능한 미래를 위한 공동의 책임감을 고취한다. 학생들은 연극을 통해 지구의 자원을 어떻게 책임감 있게 사용하고 보호해야 하는지를 생각할 수 있다. 또한 연극과 연계하여 이어지는 수업에서 학생들은 일상생활에서 지구의 자원을 보호하고 가치를 높이는 실천적인 방법을 토론하게 된다. 이처럼 연극 '강생태의 어느 날'은 단순한 연극을 넘어, 환경교육의 새로운 패러다임을 제시하는 창의적인 프로젝트로서의 역할을 수행한다.

환경교육 연극은 총 2개의 극단이 참여하였다. 개발 초기에서 중반까지는 극단 (1) '일점오'를 중심으로 대학생과 사회 환경교육 강사를 대상으로 한 공연이 진행되었고, 극단 (2) '에코미디'가 참여하면서 학생 및 다른 지역 사회의 다양한 구성원을 대상으로 공연의 범위를 넓혔다.

극단 (1) '일점오'는 A지역에서 활동하고 있다. 극단 1의 극단명은 두 사람이 각각 1.5의 노력으로 무대에 서기 어려운 한 사람을 더 무대에 세워 주는 의미를 지니고 있으며, 아마추어와 프로가 함께하며 장애인들과 비장애인들이 어우러져 만들어 내는 공연을 추구하는 극단이다.

극단 (2) 'ECO,MEDY(에코미디)'는 B대학교 공연예술학부 재학생 4명, 졸업생 3명으로 구성되어 있다. 극단 (2) 에코미디는 환경 캠페인과 더불어 여러 연극과 영화, 최근에는 예술 교육계에서도 꾸준히 활동을 이어 나가고 있는 현역 예술인 단체이다.

환경교육 연극은 지역 사회의 대학, 극단, 시청, 교육청과의 협력을 통해 다양한 구성원을 대상으로 진행되었으며 이는 [그림 6-5]에 표현되었다. 이러한 환경교육 연극의 지역 사회 적용 과정은 크게 두 가지 단계로 나눠서 살펴볼 수 있다.

먼저, 시나리오 적용을 통해서, 관객들의 피드백을 통해서 공연의 완성도를 높여가는 것이다. 초기의 공연은 A시와 C시를 중심으로 적용되었다. B 대학교 재학생과 구성원, 사회 환경교육 활동가를 대상으로 이루어졌다. 이 과정에서 대학교 및 지역 시청의 환경교육팀과 협력하여, 각종 환경교육가 심화 교육 프로그램에 환경교육 연극을 소개하고, 이에 대한 여러 의견을 취합하였다. 이를 통해, 최종 개발된 시나리오를 다양한 지역 사회 단체와 협업하여 환경교육 연극을 진행하였다.

두 번째로는 환경교육 연극이 확산되는 과정이다. 이 단계에서는 기존의 지역을 중심으로 교육청 및 시청과 협력하여, 초·중·고 학생들을 대상으로 연극을 진행하였다. C시 교육청과 지역 협력 프로그램을 진행하면서, C시 6개교, 그리고 A시의 생태학교 3곳과 연계하고 연극을 진행하여 지역 사회의 학교에서 환경교육 연극의 활용 가능성을 보여 주었다.

A와 C지역 외에 충북에 있는 D대학교, E시의 F고등학교, G시의 보육원 등 다양한 지역의 교육 기관과 협업하였다. 그리고 일반 학교 외에 장애인 재단, 장애인 학교, 보육원 등을 찾아가 환경교육 연극을

그림 6-5 환경교육 연극의 지역 사회 적용 사례 구조도

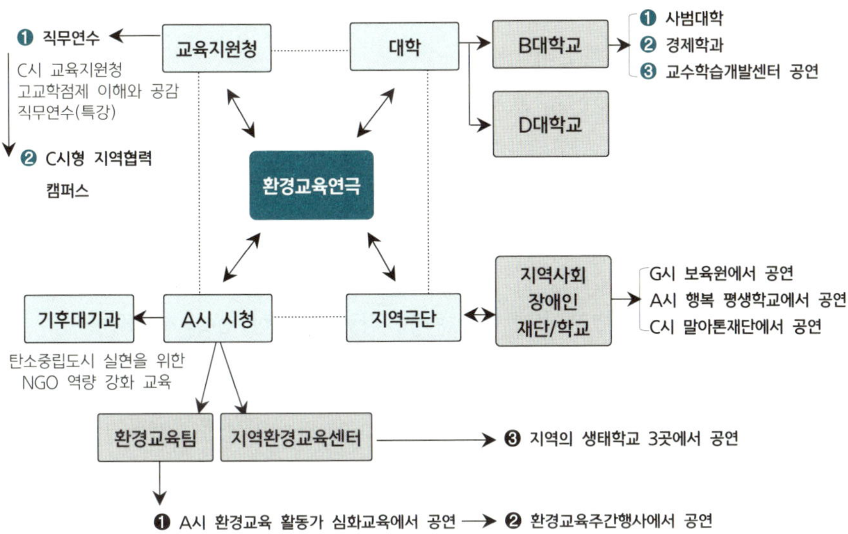

시행하였다. 이러한 환경교육 연극은 지역 사회의 다양한 구성원에게 환경 문제에 대한 이해를 높이고, 실제로 환경 보호에 기여할 방법을 제시한다. 이러한 프로그램은 지역 사회의 환경 인식을 높이고 지속 가능한 발전을 이끄는 데 큰 역할을 할 것으로 기대된다.

추진 결과 및 시사점

환경교육 연극에 참여한 극단 (1) '일점오' 배우 5명과 극단 (2) 'ECO, MEDY(에코미디)' 배우 3명을 대상으로 심층 집단 면담(FGI, Focus Group Interview)을 하였다. 심층 집단 면접을 통해 환경교육 연극의 효과와 방향성에 대해 개인적 변화, 연기 과정에서의 새로운 발견, 환경교육 연극의 교육적 가치, 공연 후 소감과 제안 점 측면에서 파악하였다. 심층 집단 면접 내용의 결과 분석을 위해 전사 자료를 반복적으로 비교하며 읽으면서 '코딩', '범주화', '범주의 타당성 확인' 과정을 거쳐 4가지 시사점을 도출하였다.

첫째, 융합과 협력을 통한 새로운 형태의 환경교육이 가능하였다는 측면이 있다. 이와 같은 시사점은 배우들의 면담자료에서 도출할 수 있다.

> "효과적인 네트워크와 환경 연극 운영을 위해 교육청이 협력을 한다면 환경교육 연극이 아예 과목 수업으로 지정이 돼서 아이들이 1년에 한 번, 두 번, 세 번 이렇게 무조건 교육을 들어야 되는 과정으로 운영하면 어떨까, 생각했습니다." (배우 H의 인터뷰 중)

> "요즘 우리 사회가 융합이라는 것에 집중을 하고 있다고 생각합니다. 그래서 저희도 과학 그리고 환경 주제와 연극이 합쳐져서 교육적인 연극을 하고 선한 영향력을 펼칠 수 있다는 게 저희는 또 전공도 살릴 수 있고 하니까 너무 의미가 있었던 작업이었습니다." (배우 I의 인터뷰 중)

배우 H는 교육청과의 협력을 언급하면서 대학, 극단, 교육 기관, 지자체 등 다양한 기관과의 효과적인 네트워크 구축 및 환경 연극 운영을 위해 환경교육 연극을 과목 수업으로 지정해야 함을 설명하였다.

이 환경교육 연극은 과학·환경과 교육과 연극을 서로 구별이 없게 하나로 합해 단순한 정보 전달을 넘어서 참여와 경험을 통해 학습할 수 있도록 유도할 수 있었다. 이는 다중적인 주체들 간의 전문성을 기반으로 복합적이고 효과적인 융합과 네트워크 형성을 통해 새로운 형태의 환경교육을 지향해야 함을 의미한다고 할 수 있다.

배우 I는 환경과 연극과 교육의 융합을 언급하면서 다양한 분야의 전문성 융합을 통한 효과적인 교육효과와 지역 사회의 선한 영향력을 펼칠 수 있음에 의미가 있음을 설명하였다.

협력을 기반하여 연구소의 전문적인 환경교육 시나리오 개발 단계를 중심으로 극단의 시나리오 수정과 공연 단계 교육지원청, 대학, 지자체의 장소 제공과 공연 기회 등을 통한 지역 사회 적용 및 확산 단계를 통하여 학습자들의 환경에 대한 인식과 태도에 긍정적인 효과를 높일 수 있었으며 지역 환경교육 혁신에도 영향을 미쳤다. 이는 대학-교육(지자체)-지역 사회 3자 협력을 핵심으로 하는 지역 교육 공동체 트리플 헬릭스 모형을 환경교육에 적용하여 지역 교육 혁신 사례를 확산할 수 있음을 의미한다고 할 수 있다.

위와 같이 융합과 협력을 통한 새로운 형태의 환경교육 연극을 지속해서 개발한다면 학습 효과와 사회적 효과를 끌어내고 사회 공헌에 중요한 역할을 할 것으로 기대된다.

두 번째 시사점은 도전 경험과 상호 작용을 통한 배움의 선순환이 일어날 수 있다는 것이다. 이와 같은 시사점은 다음과 같은 배우들의 응답에서 나타난다.

> "지금까지 했던 연극과는 아예 또 새로운 장르라고 생각을 해서 어떤 건지 좀 궁금하기도 했고 그래서 환경교육 연극에 같이 참여하게 되었는데, 하면서도 그 대사들이나 아니면 토론하는 내용들을 보면서 오히려 저 스스로도 공부를 하는 계기가 되었던 것 같습니다." (배우 J의 인터뷰 중)

"저도 연극하면서 많이 배웠던 것 같아요. 그리고 오늘 초등학교에서 처음 공연을 했는데, 아이들이 생각보다 이해를 잘해 주었습니다. 오히려 학생들이 환경을 이해하는 수준이 제가 생각하는 것보다 더 고차원적이었습니다." (배우 K의 인터뷰 중)

배우 J는 시나리오 내용 중 '토론' 파트를 언급하며 지금까지 경험하였던 연극과는 다른 새로운 장르의 환경교육에 참여하게 되어 흥미롭고 뜻깊은 경험을 하였으며, 배우 또한 환경 문제에 대해 학습할 수 있었음을 설명하였다.

환경 전문가가 아닌 일반인 배우들은 연극 초반에는 지식과 경험의 부족으로 어려움을 겪기도 하지만, 환경교육 연극을 준비하고 실제로 연기하는 과정에서 도전을 경험하고 관객들과 상호 작용하며 새로운 배움의 과정과 고민하는 과정을 통해 환경교육에 대한 전문성이 향상될 수 있었다. 이는 배우가 연극에 참여하며 환경 문제에 대한 여러 정서적·감성적 체험 기회를 통해 환경 지식에 대한 이해뿐만 아니라 가치와 태도를 내면화할 수 있었다고 해석할 수 있다. 따라서 삶과 직접적으로 연계된 환경 주제의 연극을 통해 교육 연극의 교수 효과 중 자아 개발이 연극 배우까지 이어져 학습에 있어 주체가 될 수 있음을 의미한다고 할 수 있다.

배우 K는 연극 준비 과정과 실제 공연 상황을 언급하며 관객 학습자들이 스스로 생각하고 깊이 있는 질문을 하는 과정에서, 배우에게도 긍정적인 영향을 미쳤음을 설명하였다.

배우들은 단순히 대본을 외우며 시나리오에 있는 그대로를 수동적으로 받아들이는 것이 아니라 시나리오를 직접 각색하고 극에 어울리는 곡과 코미디 요소를 넣는 과정, 질의응답을 준비하는 과정, 관객들의 피드백을 반영하는 과정 등을 통해 자신의 기본 지식과 경험을 바탕으로 구성주의적 학습을 경험할 수 있었다. 이는 배우 또한 환경 문제에 스스로 흥미와 관심을 가지며 시나리오에 배우들의 다양성과 창의성을 발휘하는 과정에서 교수자인 동시에 학습자가 되었다고 해석할 수 있다.

위와 같이 일반연극과 차별화된 환경교육 연극 과정에서의 도전 경험과 상호 작용을 통해 관객뿐만 아니라, 연극에 참여하는 배우까지 새로운 배움의 선순환이 이루어질 것으로 기대한다.

그리고 '모두를 위한' 주제 선정과 메시지의 중요성 측면에서 시사점을 찾을 수 있다. 배우 H와 배우 I는 다음과 같은 응답을 인터뷰 중에 하였다.

"연극이라는 주제만 보자면 일반연극과 똑같은 건데 이제 그 주제가 환경이었다는 것이 차이점이 있을 것 같습니다. 이거는 핵심적으로 우리가 왜 환경을 지켜야 되는지 그런 전문적인 부분이 들어가서 듣는 사람으로 하여금 좀 어렵다고 느낄 수는 있지만 당연히 알아야 되는 것이라고 생각합니다." (배우 H의 인터뷰 중)

"이제 환경교육 연극 같은 경우에는 우리 모든 인류가 가져가야 할 하나의 방향성을 메시지로 담아야 하다 보니까, 매우 과감하게 접근을 해야 했던 건데 이번 시나리오는 매우 적합한 주제로 과감하게 잘 접근하셔서 효과가 있었다고 생각합니다." (배우 I의 인터뷰 중)

배우 H는 환경교육 연극의 주제를 언급하며, 일반 연극과 형식적으로 유사하지만, 주제와 목적 측면에서 차별성이 있어야 함을 설명하였다.

일반적인 연극은 순수 예술로써 전문 연극인이 전문 분야별로 담당하여 예술성과 극적인 서사가 강조된다는 특징이 있지만, 환경교육 연극은 '환경' 주제에 초점을 맞추어 누구나 배우로서 참여할 수 있으며, 연극 방법을 교육 현장에 응용하여 교육 효과성이 강조된다는 특징이 있다. 이는 전문적인 연극 기술보다 우리가 모두 관심을 두고 있는 현대 사회의 다양한 '환경' 주제에 초점을 맞추어 차별화된 메시지 공유 방법을 적용하여 환경교육 연극을 개발하고 확산해야 함을 시사할 수 있다.

배우 I는 환경교육 연극의 메시지와 시나리오를 언급하며 모든 인류가 함께 해결해야 할 환경 문제에 대한 과감한 접근 방식과 효과적인 방식으로 메시지를 전달하는 것에 중요성을 설명하였다.

환경교육 연극 '강생태의 어느 날'은 지속가능발전교육의 혁신적인 방법으로써, 대사와 극적 요소를 활용하여 기후 위기에 대한 세대 간 형평성 문제를 중심으로 현대 사회가 직면한 환경 문제의 심각성을 인지하고, '강생태의 실천 과정'을 제시함으로써, 미래 세대를 위한 개인의 책임과 사회적 행동으로 이어질 수 있는 우리들의 실천 방안에 대해 고민할 기회를 제공하였고, 배우들 또한 크게 공감하였다. 이는 우리가 함께 나아가야 할 하나의 방향성에 대한 메시지를 핵심적인 주제 선정과 시나리오 작성을 통해 적절하게 제시하였다고 해석할 수 있다.

위와 같이 '모두를 위한' 주제를 선정하고 환경교육 연극만의 핵심적인 메시지를 담는 것이 앞으로의 환경교육 연극 개발과 확산에 매우 중요할 것으로 생각된다.

마지막으로, 실천 중심 생애주기별 환경교육 연극 개발의 필요성을 보여 준다. 배우 H와 배우 K는 다음과 같이 의견을 제시하였다.

> "환경교육 연극은 너무 좋은 기획이고 좋은 아이디어를 포함하고 있는데 조금 더 계획적으로 준비하고 초중고뿐만 아니라 어르신들과 장애인 등 여러 상황에 맞추어 공연하면 좋을 것 같습니다." (배우 H의 인터뷰 중)

> "초중고마다의 좀 어느 정도 차이는 두어야 할 것 같고, 다양한 환경 주제에 대해 교육 전문가들과 협업하여 체계적으로 환경연극을 개발하면 좋겠습니다. 그리고 대본 이상의 환경교육에 대한 필요성을 느낄 수 있고, 특히 실천을 할 수 있는 강한 동기를 주는 것 같습니다." (배우 K의 인터뷰 중)

배우 H는 여러 연령층과 다양한 대상 관점에서 언급하며 공연 효과의 극대화를 위해 시나리오 및 연극의 난이도 조절을 통한 맞춤형 연극 제작의 필요성을 설명하였다.

본 환경교육 연극 '강생태의 어느 날'은 초·중등학생, 환경 강사, 보육원, 장애인 등 다양한 관객을 대상으로 시행되었는데 관객별로 반응과 이해도의 차이가 많음을 심층 면담을 통해 알 수 있었다. 일반연극은 어린이부터 어른 그리고 장애인과 비장애인에 상관없이 한 가지 방법으로 극이 올라가지만, 교육 현장에 적용하는 환경교육 연극은 관객의 상황에 따라 차별화된 방법으로 적용해야 교육적 효과성을 높일 수 있다. 이는 많은 그룹의 상황과 교육 환경 등에 구애받지 않고 교육 연극을 활용할 수 있도록 다양한 모듈의 환경교육 연극을 개발하고 확산해야 함을 시사할 수 있다.

배우 K는 초·중등학생 대상 환경교육 연극의 차이를 언급하며 관객들의 나이, 이해 수준, 관심사 등에 차별화하여 전문성을 가진 연구소와 협력하여 연극을 개발하고 확산하는 것의 필요성과 사전 교육과 실천 연결에 필요성을 설명하였다.

지식을 단순히 습득하는 것은 쉽지만, 그것을 실천으로 이끄는 것의 어려움을 심층 집단 면담을 통해 알 수 있었다. 환경 주제에 대한 사전 지식을 습득한 상태에서 연극을 관람하면, 단순히 코미디 요소에서 웃고 넘기는 것이 아닌 연극에 주제와 핵심 메시지에 대해 더 깊게 이해할 수 있고, 적극적인 사회적 참여와 행동 변화를 이끌 수 있다. 따라서 단순히 일회성 연극이 아닌 사전 교육을 통한 환경 문제와 개념에 대한 이해, 환경교육 연극 관람을 통한 환경 문제의 심각성과 중요성을 인식하고 구체적인 실행 전략 모색을 통한 실천 참여로 이어지는 프로그램 개발이 필요함을 의미한다고 할 수 있다.

위와 같이 사전 교육에서 실천으로 이어지는 생애주기별 환경교육 연극의 개발은 다양한 지역의 교육 기관, 일반 기관 등에 효과적으로 확산한다면, 현대 사회의 다양한 구성원에게 환경 문제에 관한 관심과 흥미를 유발하고, 실천적인 인식을 높이는 데에 핵심적인 역할을 할 것으로 기대한다.

참고문헌

Varela–Losada M, Arias–Correa A, Pérez–Rodríguez U, Vega–Marcote P. (2019). How Can Teachers Be Encouraged to Commit to Sustainability? Evaluation of a Teacher–Training Experience in Spain. *Sustainability, 11*(16). 4309.

Pan C–T, Hsu S–J. (2020). Effects of a One–day Environmental Education Program on Sixth–Graders' Environmental Literacy at a Nature Center in Eastern Taiwan. *Sustainability, 12*(12). 5043.

찾아보기

위기를 넘어서
환경교육과 지속가능발전교육

초판발행 2025년 4월 30일

지은이 손연아 · 이유미 · 배경석 · 박병열 · 박지수
최재혁 · 강순기 · 오현정 · 문예진 · 김서현
펴낸이 노 현

편 집 전채린
기획/마케팅 장규식
표지디자인 김도현
제 작 고철민 · 김원표

펴낸곳 ㈜ 피와이메이트
서울특별시 금천구 가산디지털2로 53, 210호(가산동, 한라시그마밸리)
등록 2014. 2. 12. 제2018-000080호
전 화 02)733-6771
f a x 02)736-4818
e-mail pys@pybook.co.kr
homepage www.pybook.co.kr
ISBN 979-11-6519-964-7 93370

정 가 20,000원

이 책은 2021년 대한민국 교육부와 한국연구재단의 지원을 받아 수행된 것입니다
(NRF-2021S1A5C2A04089214)

박영스토리는 박영사와 함께하는 브랜드입니다.